B

READ AND BE BETTER

# 优雅转身

*Elegance Forever*

晓雪 —— 著

GUANGXI NORMAL UNIVERSITY PRESS
广西师范大学出版社
· 桂林 ·

**优雅转身**

YOUYA ZHUANSHEN

**图书在版编目 (CIP) 数据**

优雅转身 / 晓雪著 . —— 桂林：广西师范大学出版社，2023.10
（2024.3 重印）

ISBN 978-7-5598-6353-9

Ⅰ . ①优… Ⅱ . ①晓… Ⅲ . ①随笔—作品集—中国—当代 Ⅳ . ①
I267.1

中国国家版本馆 CIP 数据核字（2023）第 163267 号

广西师范大学出版社出版发行

广西桂林市五里店路 9 号　邮政编码：541004
网址：http://www.bbtpress.com

出 版 人：黄轩庄

责任编辑：张丽娉

内文制作：张　佳

装帧设计：尚燕平

全国新华书店经销

发行热线：010-64284815

北京盛通印刷股份有限公司印刷

北京市经济技术开发区经海三路 18 号　邮政编码：100023

开本：880mm×1230mm　1/32

印张：10.25　图：40 幅　字数：130 千

2023 年 10 月第 1 版　2024 年 3 月第 5 次印刷

定价：59.00 元

如发现印装质量问题，影响阅读，请与出版社发行部门联系调换。

优雅是一种体态、心态和姿态；

优雅是内外兼修，是女人的皮囊和灵魂；

优雅是一种向美、向上和向善的力量。

# | 目 录 | contents |

**终章**

**FAB 女人**

# 序

写这篇文字时，刚过这一年的 9 月 17 日，我 53 岁生日。

这本书里的文字，都是我在女人五十"优雅转身"前后写的；书里的照片，都是我女人五十后的样子。走到这个年龄段才知道，平凡如我，人生并没有先知先觉，生命原是一场后知后觉的历程。错过，糊涂过，失望过，悲伤过，再努力，再拼搏，不放弃，不认输，人到中年后，才得淡定、从容、优雅的平和心态。

在我的个人社交平台上，微信公众号、微博、小红书、视频号和抖音的留言区，这几年经常有网友问：

难道你的职场生涯没有血雨腥风吗？

你没有被"卷"来"卷"去的焦虑吗？

你没有职场和家庭不能平衡的烦恼吗？

你真的不被女人年龄所困吗？

我是一个没有背景、没有靠山的平常女子，你所有的成长烦恼，我也有过。

第三本"优雅"，终于写出了前两本"优雅"（《优雅》和《优雅是种力量》）中没有的关于女人成长的另一面底色——那些踌躇不前、迷茫犹豫、委屈难过，那些不自信、不自如、不自洽，那些岁月长河中的滚滚波涛和心里深深浅浅的波纹。

　　放在一生的时间维度来看，对成长来说，经历比成功更可贵，无论那些经历曾经是荣耀是欢喜，是多么难挨，多么挣扎，多么觉得生命不可承受。唯有经过一段又一段或明媚或阴郁的日子洗礼，一个人的生命力才最终璀璨绽放。

　　愿你在这本书的文字中，感受到一个不再年轻的女人向上的勇气，感受到一个姿色普通的女人向美的心气，感受到人与人之间一直存在，只是需要我们不断追求和发现的善与善意。

　　请相信，我孜孜以求的优雅，你也可以拥有。

璆❄

2023 年 9 月

也许最强的优雅，是在生活残酷的真相中，
在如岩石般粗粝的命运里，
保持勇气，保持生长，保持美，保持爱，
顽强地、坚韧地、骄傲地，
开出属于自己的那朵花。

摄影／秦颖

# 兰花之韧：我的前半生

2023 年春节刚过，我和团队专程飞西双版纳，为法国娇兰（GUERLAIN）拍摄宣传片。

这是我第一次去西双版纳，第一次进原始森林。在版纳的山路上弯弯绕绕两个小时，进入李旻果女士花二十年时间建设的天籽山原生态雨林。这里犹如世外洞天，郁郁葱葱，云气缭绕，各种野生动物欢喜出没，菌群丰富，兰花满山。

娇兰支持旻果这项保护生态的环保工程很多年，又因为品牌盛名的"御廷兰花"系列，特别关注山上的兰花。天籽山上有一条路叫"娇兰道"。就在这条道附近，我第一次见到盘错在岩石上盛开的兰花。

在天籽山见到这株兰花时，一眼惊呆，再看惊艳。一大块长满苔藓的青白色岩石上，密密麻麻盘绕着一圈又一圈的根茎。根茎有久经风雨的沧桑感，顺着根茎仰起头，是几株小小的正在开放的兰花。兰花不再是往日大小姐清高的样子，而像是在恶劣环境里顽强求生存、坚韧不拔的一株小野花。岩石如此粗粝，就像是生活不堪的那面，那株兰花，是用了多久时间，经历了多少风雨，才把自己的根茎，结结实实与石头绑在一起，最后和岩石合为一体。从岩石缝隙中绽放出的兰花，有点骄傲和害羞地冲着阳光的方向仰着头，灿烂地笑着，那么平凡、普通，又那么坚韧、明媚。

抚摸着这株仿佛从岩石缝里蹦出的兰花像岩石一样粗粝的根茎

时，有一种难言的深厚的感动。在西双版纳深山里的这个午后，在这株与往日不同的兰花面前，很多往事慢慢悠悠随着山风飘过来。

前半生一些似乎早已远去的成长记忆，像一幕幕老电影，我好像看见那个梳着马尾辫的年轻的自己，那个平凡、普通、不服输、不低头、永远向前的女孩，在悠远如深山的岁月里，她用一副柔弱的身子板，一次次和像岩石一样硬的生活磕碰，有成长的快乐，也有跌倒的伤痛，直到让自己的根，结结实实地扎进岩石缝中……

### 中学和大学的偶然记忆

中学时，《北京青年报》成立了一个后来风靡多年的中学生通讯社——小记者团。我很幸运，经过层层投稿与选拔，初二时就成为第一批学通社的中学生实习记者。那时《北京青年报》常为这些孩子组织活动和课程。从家到报社，要换三次公共汽车。每个周末来回坐四个半小时的公车，为了听一个小时的课。

每次出发，都是爸爸陪我坐公车，老爸性格沉默寡言，一路上都不说一句话，热天时顶多说一句："渴了吧？吃一根冰棍？"冷天时帮我紧紧衣领。妈妈每次都问："去那么远，都听什么课？"我说就是和记者叔叔阿姨聊聊天，我妈说："那你爸在哪等你啊？"爸爸每次就在报社门口台阶一角，铺张报纸坐着，无论我在里面待多久。我喊他进去时，爸爸总是摇摇手说："你在里面就行，我就外面等你。"

有一次，我的一篇采访得到报社老师的表扬，同学们一起吃饭庆祝。到了附近餐厅，大家七嘴八舌欢快地点菜，吃到一半时，我才想起爸爸还在报社门口，从餐厅跑出去找爸爸。老爸还是坐在一张报纸垫着的石头台阶上，淡定地摇摇手："我不饿，你吃你的，爸就在这等你。"

回家路上的夜色里，在摇摇摆摆的公车上，我跟爸爸说："爸您信不信，我以后要做个好编辑，就跟报社里厉害的老师一样。"

爸爸说："咱们家没有干这个的，你只能凭自己本事去奔。"

我的中学成绩不错，尤其文科，作文拿奖无数。初中日记的摘抄，曾经被中学语文老师选中，放进学校的公栏上作为小作文范本。又在学通社培训了长达五年，因此我很自信会考上心仪的名校，北大、人大、复旦的中文系或新闻系，然后顺风顺水进入某著名报社或新闻机构，"就跟报社里厉害的老师一样"。

1989年的夏天，对我来说很难熬。高考失利，命运给了18岁的我人生第一个沉重打击。我只考进一所北京二线普通大学。整个暑期都在绝望中，理想是不是就此止步不前？我的人生，是否还有希望？

拯救那个暑假的，是妈妈的文学书单。做语文老师的妈妈，从小学起，每个假期都会从学校图书馆借一摞文学名著，并要求我每看完一部，写一篇读后感。家里还常年订阅文学刊物《十月》《收获》《小说月报》。

好文学切实可以滋养一个人并给人成长的力量。很多年后，我常想起来那个难熬的盛夏，如果没有雨果、托尔斯泰、巴尔扎克、司汤达、陀思妥耶夫斯基、余华、苏童、王小波……我的勇气会不会再回来？

大学开学时，我已经想好要用大学所有的业余时间和假期，突破这座小小的学校，没有可依靠的人，就靠自己，让自己的人生就此开始延展。

大学几年假期，我不断地在各处实习打零工。去过酒吧端盘子，去过麦当劳卖薯条，在电视台的剧组做过杂务和场记。受过欺负，忍过委屈，也学到了很多课堂上学不到的为人处世的经验。家里不算富裕，也不算拮据，并不只是为了挣钱。当时想通过这样的方式，为没有特殊家世背景也没有如愿考上名校的自己，多打开命运的几扇门。虽然并不知道哪扇门，最终可以抵达理想。

高考失利之后很长一段时间里，我都很茫然。生活像一块顽固不化的石头，在实习打工的过程中四处碰壁，默默问老天：如果没有名校的金刚钻，普通的我到底可以凭什么去和未来过招？

年轻时太喜欢追问，那时还不懂得，答案都将在岁月里。

## 第一份玩命的工作

大学毕业后，我进了在九十年代初很"高大上"的外企，在一家港台影视公司北京办事处工作。我对这份工作至今最深刻的记忆，除了遇到人生的贵人胡爷（见本书《生命中的贵人：胡爷的故事》），还有一位仿佛二十四小时都在工作的中年女老板陈姐。

在这家公司的几年，我的大部分休息日都在加班，且没有加班费。我妈曾经数次投诉，电话里冲我嚷："你们老板这是剥削啊，身体坏了怎么好哇……"

能干的女老板虽然没有给我足够的休息日，我却对她充满感恩。我一个刚出校门的小女孩，她就敢把很重要的工作扔给我，放心让我一个人出差办事；差事办得不好，她并不严厉批评，而是很耐心地帮我复盘，哪里做得不对，最后总是对我说同样一句话："不会做，做错了，一点不可怕。可怕的是犯重复的错误，一次重复犯错的机会都没有，你记住了。"

在这里工作的几年，很像是出了校门，又续读了在职研究生。每天脑子都不够用，陈姐一天会布置十件事，恨不得手脚并用，但还是会丢掉一件半件。我惊讶于她像电脑一样的好记性，她吩咐的事情，到了第二天或第三天，会一件不落地听每件事的进度。

陈姐是个有故事的女人。我听台湾同事姐姐们说，她早年离婚，自己抚养女儿，曾经也是娇弱的小女人，后来炼成女强人。她说话像大部分台湾姐姐一样温柔，但做事凌厉。谈生意喝酒，喝多了就把自己关在洗手间，躺在浴池里唱三个小时的邓丽君。酒醒后，依然逻辑缜密地给我布置十件要做的事。每次在卫生间门口端着一杯解酒茶等她出来的我，都又佩服又感慨：女人自己做公司，好不容易啊……

在这份顾头不顾脚、几乎每天都在被复盘的第一份工作中，我最大的职场收获是：原来一个人同时可以做三件事，原来精力和能力可以被开发和磨炼得上一个等级，原来厉害的人最厉害的地方，就是比别人勤奋。

当我成为 *ELLE* 主编后，曾经在虹桥机场偶遇陈姐。那时我 40 岁出头，陈姐大约 60 岁，依然涂着鲜艳的橘色口红，见到我微微笑着说："是不是要感谢我？你看，你已经成为另一个我……"

陈姐不是一个完美的老板，但我从她身上学到很多有益一生的职场观念，比如女人在职场中需要冷静和客观，比如勤奋就是通向成功的捷径。

再比如，工作再忙，也不会耽误女孩子恋爱。陈姐有自己喜欢的男人，偶尔会看到她赴约前羞涩的小女人模样。我也在如此忙碌奔波的第一份工作中，不间断地恋爱与失恋。

二十几岁的爱情和工作一样，慌里慌张，匆匆忙忙，就像不知道自己未来的职场方向一样，也并不知道那种传说中相守一生的真爱哪一天会出现。

**电影和爱情一起来临**

25 岁，我进入著名的香港嘉禾电影公司北京办事处工作。如果没有后来偶然做杂志的契机，我想自己也许会成为一名不错的电影人。

在嘉禾的四年，我的好文笔都用在了写剧本简介和宣传稿上。作为一个没有任何影视工作背景的年轻人，能够进入嘉禾电影的办公室，我偷偷笑了很久，很认真地问过当时的老板："到底为什么录取我？听说有几百人来应聘。"

我以为老板会说：因为你喜欢电影啊，因为你有电影梦想啊，云云。结果人家说：因为你做事认真负责。

"认真负责"这四个字，多么的普通，当时想自己是不是太平庸，平庸到老板都找不到一个闪光理由来夸自己。

老板四十几岁，外企职场精英，他说每一天都"认真负责"对待自己工作的人，并不多。"认真"是不在细节中出错，比如交上来的报告，不会有一个错别字；比如所有会议，习惯性地比所有人早到十分钟；"负责"呢，是有担当，尽全力做每一件事，做好了不揽功，做错了不推责，老板说："这在二十几岁的孩子身上，很难得。"

老板并没有觉得我有任何高于其他人的专长，只是文笔还不错，但只要坚持"认真负责"，其实可以把自己手里的每一件事，都变成自己的专长。

1997年，第一届上海电影节开幕。我代表嘉禾电影公司参加，很自豪地挂着"嘉禾电影"的身份牌。电影节上遇到全国各地的电影媒体，其中有他——一本著名电影杂志的首席摄影师。那一年我还无从预知，那个夏天之后，我会在他的镜头里岁岁年年，他会成为我的丈夫和双胞胎女儿的父亲，我们共同的家里，四处摆满镜框。

有时和先生聊天，说起那时在嘉禾工作的我，以及第一届上海电影节，两个北京人在上海的相遇，他说："你和其他做电影的人不太一样，你很时髦，说不上来哪里时髦……"事实上，那时电影圈的老师们都觉得我"时髦"，而时髦的我，最终走进时尚行业。

另外，我们都牢牢记得，那年哈根达斯进入中国，在上海开了第一家店，还是电影节的赞助商；我们第一次吃到那么好吃的冰激凌，在活动上免费无限量供应，回忆起来总有着不限量的甜蜜。


**二十年主编，弹指一挥间**

从29岁到49岁，——在 *iLOOK* 杂志六年半，在 *ELLE* 十三年半。好像是老天掐指算好，刚好做了二十年时尚女主编。

我是幸运的，见证了中国时尚产业的第一个发展期，经历了传统媒体的高峰，也经历了纸媒和新媒体从激战到握手言和。

朋友们都说我的工作很光鲜，每年若干次飞巴黎、米兰、纽约、伦敦去看秀，一看就近二十年。从长发到短发，从踩着高跟鞋到换成小白鞋；从进了秀场就开始兴奋尖叫，到不动声色地坐在第一排；从谁也不认识只敢怯怯地站在秀场一角，到满场熟人大家都喊得出自己的名字……

其实光鲜工作的背后和其他工作没有不同，都是一样的辛苦付出——加班太多，出差太多，常常吃盒饭，每月倒时差。外国公司每隔两三年，就会有一次高层人事地震，除了努力做事，还要学会职场人际的周旋与妥协。

从一个等着老板开会或邮件布置工作的小主编，到几百人团队都等着你做决定的大主编；从总想听前辈支招的新人，到每年招聘季听人事部同事说："面试好几拨应届毕业生，说想进咱们公司就是因为有机会和晓雪一起工作……"

二十年，主编养成。同时，也养成了慢性肠胃病，养成了糟糕的颈椎和腰椎，还曾经重度失眠以及中度焦虑。这一面不太被别人看到，算是这一行华丽的外袍里，隐藏的旧絮。

唯热爱让人坚持，无悔所有付出。

"时尚"对年轻时的我来说，像一个遥不可及的梦；而不再年轻时，则变成了自己手里一块温润的玉。心里清楚地知道，这块玉哪个角度光鲜，哪个地方有瑕疵，与自己双向奔赴多年，手里的温度润它二十年，光鲜和瑕疵都坦然接受。

偶尔想起小时候做编辑的远大理想，那时想不到会做时尚主编二十年，更不可能想到，为了做好 *ELLE* 主编的工作，十几年京沪往返，与先生和孩子两地分居，每周坐飞机上班。曾经也有抱怨的时候，发过朋友圈，絮叨要写一篇《京沪蚂蚁记》——自己就像一只背着行李在京沪之间奔波的小蚂蚁，箱子很重，压力很大，可是每周要按时准点抵达。

如果按照少女时代的小目标，我的编辑理想已经超额实现，代价也是超额付出。命运老人绝对是算账高手，前账后账利滚息，不会让你贪便宜，也绝不让你吃亏。

### 那个难忘的雨夜

我在 *ELLE* 工作的第十年，妈妈查出肺癌。

那一年工作节奏加快，新媒体如狼似虎而来，传统纸媒必须尽快转型。杂志的工作已驾轻就熟，可多了微信公号和短视频，以及 APP 产品，从前一个月最多两次出刊截稿期，现在每天都在截稿，永远在出差和会议中。

越来越忙碌的工作和妈妈起伏不定的病情交织在一起，我在其中应接不暇。

从得知妈妈癌症晚期到妈妈离开的两年间，跑过不少医院，问询各家医生和偏方，以为自己很有能力，可面对晚期癌症，才知自己能够为妈妈做的非常有限。那种深深的无奈感，刺入心底。

我甚至不能有更多时间陪她。只能每周末飞机落地北京，拖着行李先回娘家看妈妈，帮爸爸和妹妹解决一些生活琐事。最后的半年，妈妈坚决不去医院，便把家里改造成病房，把护工请到家里。

那些日子里，只要看到家里来电显示，就心惊肉跳，担心妈妈不好了。妈妈走前几个月，也是她最不舒服的一段时间，北京乍暖还凉的四月天，我对那个周末黄昏的记忆，刻骨铭心。

司机李师傅拉着我，从 *ELLE* 北京办公室出发，去一个美轮美奂的晚宴场地。那天是一个重要客户的正式晚宴，要求穿晚礼服。我的裙子有点长，露着半个背，选了一条披肩裹着，踩着秀丽的高跟鞋，挂着长长的耳环。助理说场地里很暖和，到了地方有人接我，不用穿大衣，省得还要存衣服。

去参加晚宴的路上，家里电话来了。爸爸的语气很克制又很着急："你妈昨晚一夜没睡，医生定制的安睡药没了，联系不上医生，今天最好能吃上药，不然你妈太难受了……"

我赶紧发微信联系医生，原来医生出差了，建议去他家里先取一盒药应急。

当即决定停车，把我放路旁，让李师傅去取药再送去娘家。那天是个周五，从我下车的地方，到医生家再赶到家里，横穿北京最堵的地段。

李师傅把我放到东四环路边，疾驰而去。我先给爸爸打了电话，让他安抚妈妈今晚可以吃上药睡好觉，再开始打车，距离晚宴的地址不算远，还有两三公里。

天上忽然乌云密布，一抬头雷电轰鸣，赶紧走出树荫，最近的躲雨地方是个公交站。穿着长裙的我，瞬间被突如其来的雨点淋湿，把细高跟鞋脱下来拎手里，光着脚一路小跑到公交站亭。脚上似乎被一块尖锐的石头子扎了一下，很痛但也顾不上。

亭子里挤满躲雨的人，这个裙摆和披肩都被淋湿的华丽又狼狈的女人，只能佯装淡定地擦擦精细妆容上的雨滴，摘下有点重的耳环。寒意袭来，忍不住发抖，有小伙子打趣地说："姐姐，您这行头，不应该有个专车嘛？"我哭笑不得。

周五下午忽然变天的北京，根本打不到车。暴雨很快变成零星小雨，但没有大衣也没有一双好走的鞋，我不敢贸然步行两三公里去活动场地，被困在了公交站亭。

家里电话又来了，是妈妈焦躁不安的声音："我的药到哪了？"被癌细胞折磨的妈妈，偶尔会歇斯底里，每一次听到她不再温婉的声音，都恨自己无力帮她承担更多，只能在风雨中祈祷李师傅的车顺利穿越车海，哪怕快一分钟到家也好。

雨雾中一辆车停在我面前，也是去参加晚宴的媒体朋友，拉下车窗探出头："天啊，雪姐，真是你，什么情况啊，赶紧上车！"朋友说有事耽搁，又赶上下雨堵车，所以晚了一个多小时。但幸亏晚了，不然估计我要在雨夜里穿着晚礼服再站很久。

我们到达晚宴地点时，鸡尾酒会已结束，大家就座，头道菜刚上。我先冲进洗手间，抬起脚，发现脚底破了一块，央求服务员去找个创可贴。等创可贴的工夫，对着镜子，迅速整理妆容和礼服，裙摆湿了一大半，用卫生纸吸了吸水，抖了抖潮湿的披肩，再把创可贴贴牢，耳环戴好，踩稳高跟鞋，走到用清秀的毛笔字写着自己名字的位子，坐好，拿起刀叉。

刚坐稳，李师傅的微信来了：药已送到，放心。

晚宴上到第三道菜时，爸爸来电话了："你妈已吃药，踏实睡了。"

眼前的餐桌上，是被精心摆放在水晶花瓶里傲然怒放的兰花。

往事如歌，
心事如雨，
背影也是故事。

摄影 / 付泉浩

我那天穿的是一件白色礼服，别了一枚绿色水晶胸针，对面的客人说："雪真是清雅，就像这兰花，有蕙质兰心之美。"在那个晚上，听了这样的赞美，蓦然无言以对，这么骄傲脱俗的兰花，不是我吧？我刚刚满脑子都是油盐俗事。这个穿着晚礼服端庄而坐、吃着米其林大厨晚宴的女主编，和那个拎着高跟鞋狼狈站在公交亭里、满脑子焦虑妈妈今天如何入睡的女儿，好像是两个人。

这段风雨黄昏过去数年，并不常常忆起。在西双版纳看到那株盘旋在岩石中的兰花时，往事像一片叶子，轻轻飘到眼前。

想念妈妈，心疼那时的妈妈，也心疼那时的自己。

若要做一株兰花，必不是餐桌上水晶花瓶里那一株完美绚丽的兰花，而是眼前这株外表小小的、内心极其强大的，用半生奋力拼搏终于与岩石一起生长的天籽山上的野生兰花。

妈妈期待我成为的样子，不是娇贵高傲的大小姐，而是和她一样，平和美好、坚韧有力。

### 这篇文章的结尾和这本书的开始

从西双版纳回来后，和兰花像有了心事，每一次再见兰花，都会心思缥缈地想起一些往事。

这本书本来的计划，是写离开 *ELLE* 后三四年里，不曾预料的职场奇异转身。因为这次兰花之旅，在第二段写的过程中，笔下开始不断追忆往事，你将翻开的一些故事，就像电影里的蒙太奇，时光在笔下来回穿越。这些文字，记录的是前面六千字里描述的几十年岁月背后，小女孩到大女人的心事、心情和心灵的成长。

常有人说我的优雅是蕙质兰心。平凡如我，也许最大的优雅，就是在生活无常的真相中，在如岩石般粗粝的命运里，保持勇气，保持生长，保持美，保持爱，顽强地、坚韧地、骄傲地，开出属于自己的那朵花。

成长并不只是年轻人的事，
人的一生，需要不断成长。
无惧变化，迎来中年无常的同时，
也迎来自己新的成长。

摄影 / 秦颖

PART 1

**我喜欢自己一直在奔跑**

# 离开*ELLE*

## 1

"轻轻的我走了，正如我轻轻的来。"

我期待人生所有的"离开"，当一场"筵席"散的时候，都可抵达这样"轻轻的"境界。

然而这次"离开"之厚重与沉重，出乎我的想象。写这篇文章时，那十一天的故事，就像一幕长话剧在眼前重现……

2019 年 12 月，我的名字上了两次微博热搜。

12 月 19 日，"*ELLE* 主编晓雪离职"，总榜第四。

12 月 31 日，"*ELLE* 主编晓雪正式宣布离职"，总榜第五。

两条热搜相隔十一天，中间有圣诞节，是一个难忘的平安夜。

## 2

12 月 19 日，早就订好去保利剧院看弟弟胡歌的话剧《如梦之梦》彩排，还约了另一个弟弟袁弘。我们姐弟上一次大聚，还是在袁弘和张歆艺德国热闹浪漫的婚礼上。这次一起约在剧院，准备看看戏，聊聊天。

剧院里手机信号不太好。从后门走进剧院时，没有及时刷手机，不知道自己已经上了热搜。12月的保利，彩排时空调还没有给到观众席，胡歌饰演的五号病人正在舞台上排练，袁弘弟弟裹着羽绒服，见我进来，老远就起身过来拥抱，我们低声交流着对话剧的感想，聊着家常。老袁看着手机说："歆艺惦记姐呢，你听……"老袁手机里，是歆艺甜甜的声音、长长的留言。

《如梦之梦》已经看过三四次，每次感受都不同，胡歌每次的表演也有不同，是一部值得永远回看的经典话剧。

坐在旁边的老袁刷了几下手机，看着我欲言又止："姐……那个……你冷不冷？"

我裹了裹大衣："还行啊，不冷……"

我的电话震动响起，赶紧拿起电话，跑出剧场去接听。是同事打来的，就几个字："雪，上微博，看热搜。"

小跑出剧场，刷到微博，愣住了。

从没有想过自己的名字会上热搜，还是离职的消息。

回到剧场，我想自己的脸色应该不太好看，老袁临时有急事，看我进来，一脸关心地说："姐，特别不巧，我有个急事要先走，老胡这就下场了，他陪姐踏实说说话。"

老袁离开时，又喊了一句："姐，您好好的，这都不算事儿，我们改天一起吃饭聚。"

人生第一次上热搜，而且不算是好消息，要如何淡定才能做到"这都不算事儿"，脑子里像被一股从天而降的飓风抽成真空，一片空白。

上半场彩排结束，听见赖声川导演用洪亮的声音在为演员们做完小结后，老胡弟弟赶紧跑过来，拉我到后台休息室，先去领了两份剧组盒饭，对我说：姐你先吃，我看下手机。

刷过手机，老胡笑呵呵地说："姐厉害哇，我们演员热搜一般都很难上到第四的！"

我扑哧就乐了："你这算表扬姐吗？"

老胡带我去了拐角的大休息室。那间屋子信号很差，完全刷不出微信和微博："就聊天吧，咱们不看手机了。"

这个中场本来应该休息的五号弟弟完全没有休息，一直在陪被意外热搜扰乱的老姐聊天。下半场开始的时候，他有一小段戏，说排演完这一小段，就有两个小时不上场，再接着聊。

胡歌回到舞台时，我溜出那间没有信号的休息室，拿出手机，微博留言在这个午后正在爆炸，有关心的，有八卦的，有着急的，有说风凉话的；微信有上百条客户和朋友的信息，大部分说"谣言吧"，也有说"也许到了该走的时候了"……真关心的与看热闹的，不分伯仲。我给发微信的朋友们一律回了一个模棱两可的鬼脸。

接下来的两个小时，老胡坚决不让我再看手机，天南地北、上下五千年地闲聊。我问了好几次："你需要休息一下吧？"五号这个角色极累，舞台上又说又走又蹦跶，大段台词，弟弟就两个字"不用"。我不好意思了，就说："你姐夫等姐吃饭呢，得走了。"

送我出剧场时，他一字一句地说："姐很棒，面色如水，波澜不惊。"

最后又说："姐在 ELLE 很好，如果姐离开 ELLE 去干别的，也会很好。我不是安慰姐，真心话。"

离开时，路过剧场，听到卢燕奶奶扮演的顾香兰，正在说一段悠长的台词：

"其实我们一辈子就好像一出戏……戏中谁是好人，谁是坏人，都是我们自己在决定。到后来，等戏演完了，落幕了，我们就可以走出剧场了……"

这一天，是一场关于离开之梦的开始。

## 3

在很多年很多事中，常常觉得坚持比放弃难得多，坚持是挑战，放弃是本能。可是这次觉得放弃很难。

放弃一个奋斗十三年半的工作岗位，离开一个亲如兄弟姐妹的工作团队；当然，也是放弃一个行业里如同女王的位置，离开曾经全力以赴的选择。是一种内心割裂的痛。

12 月 24 日平安夜，虽然早已决定离开，还是不知如何安放自己的不舍、不甘心、不能放下的种种。

*ELLE* 上海办公室在淮海路 K11 写字楼，这个平安夜我住在新天地安达仕酒店。晚上 11 点，我走出酒店，走进灯火通明、人声鼎沸的新天地。

有人在大声欢笑，有人在喝酒打拳，有情侣在霓虹灯下接吻，有年轻人互相拥抱雀跃，来到这座城市十四年，竟然是第一次在平安夜的午夜外出，第一次领略办公室几十米外的深夜繁华。

一抬头，就见黄浦江上的震旦大屏，今夜还是那熟悉的四个字："我爱上海。""爱"是一个红色桃心。

今晚的桃心不同寻常，一眼望去，好像桃心里有自己在上海的十四年。

从酒店走到新天地，新天地走到香港广场，香港广场走到 K11，这段小路熟到闭着眼睛都可以走。这个平安夜，这段四方的路就像儿时的跳格子游戏，我踮起脚，慢慢走，从晚上 11 点走到凌晨 4 点，记忆深处的画面浮上心头。

来 ELLE 上班第一天，我穿着一条灰粉色真丝连衣裙，那天大家都下班后，一个人悄悄打开编辑部的档案柜，找到 1989 年的一期杂志。那是我上大一那年，看过的第一本《ELLE 世界时装之苑》，当时惊为天书，怎么会有这么时髦的杂志！把那本杂志捧在手里时，有梦想成真的感动。

那时人生地不熟，还没有专车，也不熟悉公交地铁。编辑部办公室和老板办公的写字楼中间，隔着一站半的路。第一次重要的老板会，编辑部的上海姑娘说"走十几分钟就到"，结果不识方向的、从千里之外的北京刚到任的新主编，走了一小时，迟到得很尴尬。

那年我睡得很少，每天四个小时。早上 6 点起床，7 点上英文课，9 点坐进办公室，事情多到劈头盖脸，而且一团麻般理不出头绪。很多次怀疑自己，我可以胜任这个位置吗？然后又给自己打气，我必须可以。

在 ELLE 工作的第三年，喜得身孕，大概是双胞胎的缘故，吐得好辛苦，开会时都抱着个垃圾桶。那几个月只有吃北京的水蜜桃不吐。于是每周背满满一箱北京水蜜桃来上海上班。双胞胎女儿落地第四天，ELLE 第一届风尚大典在上海举行，我不在现场，团队在大屏幕上放了一张我和两个襁褓里娃娃的合影，满场欢呼和掌声。"这个只知道玩命工作的女主编终于当妈妈啦"，手机在那个晚上曾经临时宕机，因为同一时间收到太多短信，美好祝福蜂拥而至。

编辑部在十四年里搬过两次家，最早在上海书城老楼里，之后两个地方都是高级写字楼。我最喜欢书城办公室，屋顶很高，每间办公室的窗户都可敞开。书城附近都是老字号，卖小吃的或卖二手书的，烟火气益然。每逢截稿期加班到深夜，我喜欢一个人走在老街上，闻着煎炸小吃和下水道垃圾混杂的味道，有一种脚踏实地过日子的安心感。

有一年写周年庆刊主编编者话，统计了自我任职主编后，编辑部、广告部、市场部，有多少小伙伴升级做了爸妈，结果数出上百个 *ELLE* Baby，顿时好有成就感，*ELLE* 的理念就是享受生活（Enjoy Your Life），工作生娃两不误，多么好。

十四年里，团队来来往往的故事，可以写一本小说。有个姑娘辞职时手写了一封长长的信，信的全文已在记忆中模糊，只牢牢记住了一句："在这里的几年，您教会了我什么叫'体面'，我将带着这种'体面'走向未来，秉承一生。"看完信，对着电脑回邮件时，眼泪打湿键盘。

有一年平安夜，我和助理燕子姑娘跑到浦东刚开的一家高级超市，给编辑部每一个人都买了一份小小圣诞礼物。两个女孩吃力地在半夜用小货车把礼物拉回编辑部。燕子包装，我给每位同事手写圣诞卡片，几十份礼物和卡片，分头放在每个人桌上，两个人折腾到凌晨。第二天早上，编辑部一片欢呼声，有人喊："这辈子第一次得到神秘圣诞礼物，我要从此相信圣诞老人的神话了……"

每一段回忆，都如一场小小的美梦。

## 4

凌晨 4 点，新天地平安夜的狂欢清静下来，街上人越来越少，微醺大醉后的狂言与高歌大笑后的疲惫，一起飘浮在夜色中。我像一只平安夜里看热闹的小猫，在夜色中窜来窜去，有时觉得很孤独，还是那个十四年前千里之外来到这里的异乡人；有时觉得很满足，女主编已完成所有夙愿；有时泪流满面，有时傻傻笑出声……

要相信圣诞老人的神话啊，这次离开，也许就是命运安排的圣诞礼物，不负自己的青春，不负所有人的期待，我要体面地接住这份礼物。

想到这里，如释重负，天要破晓，我要回到床上，做一个好梦。

## 5

第一次热搜后的每一天，都很漫长，每天都有故事，有生命不可承受之难与难过。

人向上走时，陪伴的是掌声和鲜花，是众人倾慕的眼光，是世间溢美之词；向下走时，有人会喝倒彩，有人会趁机推一把，更多人只是冷眼观望——虽然知道这是人性使然，并无对错，可是，当故事发生在自己身上时，血雨腥风中，依然是难挨的。

我赖以依靠的，是人性另外的一面。就如热搜当天保利剧场的午后，两个有情有义弟弟温暖地陪伴。生活之善待，莫如那些雪中送炭的情谊。

十几个好朋友，临时建了一个小群。朋友们自己的工作都很忙，各自有一堆家里家外焦头烂额的事。可是在这十一天里，他们用最多的时间，关注我每一天的情绪，我难过、失落、不知所措的时候，每一分钟，他们都在线。

热搜后的几天，家里收到一捧很美的野兽派鲜花，是另一本时尚刊物的年轻主编送的，附着的卡片是娟秀的小字："雪姐姐，你就是我想成为的主编的样子。此时不知道能为你做什么，只想送上一束鲜花。"

通常，送来的鲜花摆在家里，三天就凋零了。这束花，奇异地在家里客厅盛开了一周，好像每天在冲我微笑。

公司里有位负责技术的同事，因为我是个技术白痴，基本不参加技术会议，所以十年共事于一个公司，我们也没说过几句话。有一天我出办公室，发现他在电梯口等我，走近时说"雪姐，我在等你"。我稍微有些愕然，那几天就连我平日最亲近的同事都在默默保持距离，毕竟是离职尴尬时期，小伙伴们总有些忌讳。他样子紧张，结结巴巴地说："那个……他们说您要走了……我一直欠您一句'谢谢'，我们连微信都没有，所以赶紧过来找您。"

他提及了一件五六年前办公室里的故事，在大部分人都反对的一个新项目上，我非常肯定地支持他研发下去，他说那时来公司时间还不长，那次我的肯定给了他留在这里的信心，才有了后来为公司做的很多成功项目……收获同事意外的"谢谢"，好像那天的一块巧克力。

行业里一位我非常尊重的资深前辈，他订好一家餐厅，陪我吃一顿很长的午饭，告诉我："我们这行确实是名利场，不过哪个行业其实都有名利场的那面，你要扛过去，不要让那些跳出来的小丑扰乱自己。"饭后，他带着我去了一家时装店，大手一挥说："挑两套衣服送给你，女人越是这个时候，越要精神、漂亮，穿美了才有力气打胜仗。"

　　入夜，一个人在写字楼 55 层的小办公室里收拾文件，准备交接。收拾累了，拆开白天前辈送的新衣，细细地换上，扣好每粒纽扣，对着办公室里的镜子，缓缓露出笑容。

　　因开始打包而凌乱不堪的小屋子，仿佛有一道光升起，窗外夜色正浓，车水马龙，新的一天要开始了。

　　在这场离开之梦里，每天都有意料之外的温暖，也有人走茶凉的冷漠甚至落井下石的险恶。

　　人性之璀璨与丑陋，总是同时存在于每场梦中。

# 6

12 月 31 日，这一年的最后一天，我在微博发表离开的告别信：

>　　与 *ELLE* 深爱相守十三年，
>　　给"她"穿金戴银、织锦编缎，
>　　与"她"朝夕相处、荣辱与共，
>　　今起随缘席散，一别两宽。

感恩所有相遇，

团队恩爱，众友相助；

感恩岁月流转，

唯情谊永存。

天高云淡，任雪花飞扬，

江湖再见，待春暖花开。


"*ELLE*"在法语中，意为"她"。这条微博阅读量1.5亿，点赞125万，是我微博十年历史从未抵达也无从超越的一组数字。还有我完全没有预料到的、热烈的堪称豪华的几万条欢送留言：合作过的明星朋友、时尚行业的同行们、全体有微博账号的同事们，更多是我从未谋面的读者网友朋友，32000条留言，好像一场万人欢送会……

（按姓氏排序）

谢谢姐的关爱，希望姐以后一切顺利。——迪丽热巴

十三年雪姐给予*ELLE*精彩，珍藏这段时光里点点滴滴的不舍、心疼、珍爱与快乐。温柔智慧的雪干妈，新的一年开始新的征程吧！——董又霖

记忆中的雪，永远地优雅、乐观、知性、豁达，在你身上学习了很多优秀品质。——范冰冰

姐姐新年快乐，未来一切顺利。——关晓彤

雪姐，温暖智慧如你，一直记得你跟我说的"做自己很棒"，祝福。——高圆圆

谢谢晓雪姐在 2017 年 *ELLE* 盛典对我们的照顾和帮助，感恩！未来会更好！——苟晨浩宇

岁月流转，情谊永存；未来可期，安好如意。——郭晓婷

感谢之前每一次合作经历，于我是难忘的学习收获。亲爱的保重自己，今后山高水长，我们下个转角见！——何炅

曾经一度以为，姐就是 *ELLE*，*ELLE* 就是姐；此后，姐仍是姐，*ELLE* 还是 *ELLE*。——胡歌

开心和姐今年合作的读书项目，接下来继续精彩。——黄轩

好姐姐、好邻居，无论走到哪里，都要顺利、快乐。——井柏然

感谢晓雪姐一直以来的照顾，祝福姐未来一切开心顺利。——景甜

真的谢谢晓雪姐曾经的照顾跟教导。祝姐每天都开开心心，事事顺心。——赖煜哲

祝姐姐一切顺利！——李艾

你一直是我心目中的女神、好闺蜜，永远支持你！——李静

还记得当年在德国机场，您帮着我这个昏头小孩满场找地方退税，这么多年感恩照顾，永远爱你姐姐。——刘昊然

期待再次相遇，雪姐新年快乐。——刘诗诗

祝福姐姐开启人生又一个新篇章。——刘涛

同爱你与"她"，同祝你与"她"越来越好、越来越美。——刘雯

感谢雪姐一直以来的帮助和照顾，祝雪姐一切都好。——鹿晗

认识您那年，我才高中，喊您小小姨，从没有想过有一天我们会一起看秀，我会成为 *ELLE* 上的封面女生。就喊您一辈子小小姨了，谢谢您！——马思纯

亲爱的，下一站更美好。——马伊琍

期待新篇章，谢谢姐的帮助和照顾。——倪妮

谢谢雪姐一直以来的照顾，期待我们更好的相遇。——欧阳娜娜

何时何地都优雅的你，未来会更美好，爱你。——宋佳

世界这么大，再见面一定是更精彩的相遇。——宋茜

雪妈妈新的一年要开开心心哦！——宋祖儿

谢谢晓雪姐一直以来的照顾，未夹一切顺利！——唐嫣

十三年予"她"华丽，再奔劳从不失优雅，宽广包容予友，期待你的未来。——陶虹

爱雪姐，期待下一站的精彩。——童瑶

越来越好姐，一切顺利。——王凯

终于不用再风雨无阻每周往返于北京、上海了，终于可以好好休息了。从我大学毕业一路关照我长大的温暖的雪姐，下一站一定会更好。——王珞丹

晓雪姐姐，愿你未来一切都好！——王子文

感恩雪姐，愿未来顺遂，一片坦途，再柜见一定会是别样的精彩！——吴谨言

谢谢雪姐带来的美好，感恩雪姐的照顾，希望雪姐未来一切都好。——吴磊

我的晓雪姐，相知相伴 *ELLE*，相伴的过程比什么都重要、珍贵、美好。姐棒棒的！——吴敏菲

晓雪姐一切顺利。——谢娜

无论在哪总会相见，期待精彩下一站。——辛芷蕾

爱姐，希望姐未来一切顺利。——杨幂

谢谢一直以来的帮助，祝新年新篇章。——杨洋

感恩陪伴与照顾，下一程继续绚丽。——杨颖（Angelababy）

记得我还是小嘎巴豆子的时候，第一次拍 *ELLE*，很紧张，怕表现不好，你来现场还送了小礼物，到现在还记得。那道光跟温暖不会忘记，谢谢姐姐。——杨紫

愿未来更宽广自由。——姚晨

一个有自己的生活哲学、审美情趣的人，一个心中有爱的人，你在哪里都能让身边的人和世界变得更美好。——袁弘

雪姐乐妈，期待下一站的精彩。——袁泉

在浮华动荡的时尚圈，这么多年你从未改变，对人好和真，就像一片干净轻盈的雪花，期待雪姐新里程。——张静初

谢谢雪姐用美好的生命岁月带着大家经历许多美好，记得说好了有机会一起好好走走。——张钧甯

合上天使的翅膀，在云与云之间，甜睡一场。——张歆艺

谢谢雪姐带给大家如此多的美好，下一程继续绚丽多彩。——张梓琳

雪，无论下一站在何地选择什么，我们的革命友谊都不会间断，继续绽放吧，睿智优雅知性美丽的姐姐。——章子怡

越变越美，应该再发近照一张。——赵薇

谢谢晓雪姐的照顾，祝福姐姐一切顺利，未来继续创造美好。——钟楚曦

开开心心快快乐乐，越来越精彩。——周冬雨

未来会更好！——周迅

祝雪姐一切顺利，越来越好！江湖再见，情谊永存！——朱珠

（摘录时尚圈朋友们和网友们的留言）

这条微博，想占楼太难了，都是我最爱的明星在前面，雪姐姐，虽然不在你这个圈子，但是深受你的影响，期待你的下一程。——蓑笠翁

雪姐，去哪里都爱你。——韩火火

记得在福州路办公室第一次见雪姐的场景，这些年从您的话中得到很多启发，从您的为人处世中学到太多，来日方长。——F

那年在美术馆做志愿者，看见您远远地、优雅地走过来，你冲着我微笑，那个笑容我终生难忘。人和人的相遇仿佛就在等着一个 moment 久别重逢，从此我开始看你的书看你的微博，你成为影响我很深的人。——ANNY

繁星映雪，一切刚刚好；再启程时，您优雅如初，爱您。——晚晚

雪姐把我领进时尚的大门，一直照顾我。上次见面仿佛还是昨天，感谢雪姐多年来的关爱，有结束，就有新生，还有我们。——李晖

雪姐，您永远是我们的榜样。——造型师淳子

谢谢雪姐一直以来的照顾和支持！像您这样的人，无论在哪里都会闪闪发光的！——黎贝卡

有幸在一次活动中听过雪姐演讲，让我看到一个名主编在高光时刻下的低调淡然，温柔而坚定。期待未来的姐，你影响我和身边姐妹很多。——木木姐

人超好！我大三那天演讲，很紧张，当时您也在演讲，我发了微博艾特您，您竟然在我微博评论回复"加油"。姐可能早已忘记，但我会永远记住姐，姐姐加油！——椰子

雪姐，就是一个行侠仗义的优雅的大侠姐姐。——航悦

雪姐值得一切赞美。——刘清扬

才情满怀，无限风光，在下一站。——包小姐

深情十三载！祝雪姐拥有所有的好！——崔丹

会想念有雪姐的 *ELLE*，期待下一站！——Daley-V

每一次的分别，都是为了下一次更好的相聚。祝接下来的时光，依旧璀璨夺目。——牛尔

最喜欢的杂志主编，常常偷窥雪姐私人公号的读书笔记，在你身上看不到身处名利场的浮躁喧嚣，等着雪姐更精彩的下一程。——十七姑娘

有幸在 2018 年，在成都接待过雪姐，本人之温柔优雅，之

有涵养有教养，超越了我对坊间女魔头传说的认识。雪姐姐加油啊！——阿之

平静、笃定，姐姐下一站更好。——杰斯君

从博客时代就开始看你的文章，拿到 *ELLE* 最先看你的编者话，追看你的公号，那些文字，是我生活中的阳光。祝福姐姐下一站更精彩。——微朵

大家一直都在，雪姐，爱你！——小阁楼

你的《优雅》在我人生低谷时挽救了我，字里行间都是温暖和力量，因为这本书我开始看 *ELLE*，为了看你每期的编者话，会永远关注你。——妍妍

喜欢你的勇敢与善良，我心目中的优雅女人，暖冬如春，姐姐一切好。——EVEN

看你的卷首语长大，每篇文章都细读过，期待你再出书，最美好的女主编姐姐。——小竹

福德养心，世事度人，愿余生做自己喜欢的事。——苏琪

她和"她"一起度过十三年，今天她依旧用自己最优雅的方式与"她"告别。再见，定会更美好。——ROFAYE

第一次看到这么多明星名人在同一个评论区齐聚一堂，过年了。——真真


这条微博发出去不到一小时，再次冲上热搜。很多好奇的网友艾特我："这个人是谁呀？怎么大半个娱乐圈都出来啦？""这个人"在电脑前，喜忧参半，心里有深深的感动。

本来以为这一天是这场离开之梦悲凉的一刻，因为几万条不期而遇的温暖留言，而成为生命里荣耀的一天。

认识的朋友和更多不认识的网友，不同的言辞表达着同样的意愿——"下一站更好"。在那个时点，我并不知自己的下一站会不会更好。但这么多人的祝福，就好像帮自己打造了一座从头开始的阶梯。要不辜负这些美好的祝福，未来，必鼓足勇气再出发。

## 7

两次热搜之间，每一天都是不眠夜，我深深感受着自己的脆弱，感受着有人背叛，有人站队，有人念念不忘，有人雪中送炭。每一次感受，无论是暖是冷，是失望是欣慰，都是生命里难得的体验，就像一场难得的梦，弥足珍贵。

感恩圣诞老人这份礼物，如己所愿，没有遗憾，没有嗔怨，优雅离开。

"轻轻的我走了，正如我轻轻的来。"

# 从不自信到自信的500天

2020 年 8 月 9 日，是我人生第一次为品牌拍摄广告图片——ERDOS 秋冬 E 系列的宣传图片。

无论是拍摄团队，还是刚刚成立的工作室的姑娘们，没有人会认为我紧张或不自信。每个人都理所当然地觉得：一个做时尚杂志主编二十年的人，什么拍摄没见过，什么姿势不会摆，什么场景不自如。别人需要学，你肯定驾轻就熟，上来就行。

完全不是那么回事。

## 1

8 日晚上，我几乎一夜无眠，早上 6 点半起来一照镜子，脸是肿的，眼神没着没落，发愁如何度过这一天。

摄影师是熟悉的上海摄影师叶佳毅，我上一本书《优雅是种力量》的封面图片，就出自小叶的镜头。在 *ELLE* 的时候，编辑部举办 *ELLE* ACTIVE 女性论坛，需要一张主编公关照，连续四五年都是小叶拍的，他可以在二十分钟里，精准地抓到知性大方的女主编气质。

化妆师叫唐子昕，是给很多明星化妆的专业化妆师。那一天我们还不太熟悉，还不知道后来几百天，我们成为好朋友并合作了多次广告拍摄。

ERDOS 鄂*

人生第一次作为模特拍摄的广告图片。
下图羊绒衫是当季限量"主编款"。

摄影 / 叶佳榖

还有视频团队派来的侧拍摄像师张东。那一天我也还不知道，这个帅帅高高的东北小伙子，后来会成为我大部分视频的主摄像师。

造型师是非常熟悉的老同事静，合作很多年。

## 2

小叶找了北京东五环外一家家具店做拍摄场地。场地估计经常被出租，店里小哥探头来问："今天拍谁呀？"我对他说："我。"小哥看了我一眼，又问了一次："您拍谁呀？"

我哑然笑了，不自信又加了一分。看来自己就是个素人，一点明星气质都没有。

现场衣服有几十件，摆满几个衣架。早上到了先试衣服，有裁缝姐姐现场临时改长短肥瘦。酷暑里，满眼都是羊绒毛衣和大衣，家具店虽然有空调，但二三十人聚在这里准备拍摄，摄影师、灯光师、摄像师、化妆师、发型师，以及各种器材，屋子里不算凉快，大家都穿着短袖。

我们这行都是反季拍摄，夏天拍冬天衣服，冬天拍夏天衣服。每年九月秋季大刊上市，都是盛夏拍摄的秋冬大衣；每年三月春夏刊上市，都是大冬天拍摄的春夏小裙。时装组的编辑们，永远过得比常人早半年。

造型师静相当有经验，给我带了不同型号的迷你电扇，随时哗啦啦吹起来。她一边吹一边给我选了一件又一件高领羊绒针织衫："姐就是穿高领好看呀！"

穿上高领毛衣、羊毛长裤，再罩上一件羊绒大衣，别上一枚雪花胸针，静满意了："这才是冬天的样子。"

我体验了全新的关于"热"的感受。热到全身发麻，想吃冰棍，从头到脚每个细胞，都在张牙舞爪地抗议。蓦然间，就想起了十四年前初到上海的那个八月。

## 3

那时，我刚刚就职 *ELLE* 中国版主编，从北京搬到上海工作，公司负担两周的酒店费用，那两周里除了上班，就是四处看房子。

八月的上海，闷热到一出门什么都不做，只外面走十分钟，衣服就可以湿透。我从一个小区到另一个小区，从一套房子到另一套房子，衣服反反复复地湿透，有一种极其无望的情绪上头。上海的热和北京的热是两种热，上海漫天的空气里都是湿漉漉黏腻腻、无处躲藏的热，和北京烈日当头但逃到树荫下就可以乘凉的热，是绝然不同的感受。

我默默地问自己：是不是确定要搬到如此喘不上气的湿热地方上班？我能胜任 *ELLE* 主编这个位置吗？

十四年后，命运鬼使神差，我再次默默地问自己：是不是确定要从镜头后转到镜头前？我可以胜任这个新工作吗？

新工作的第一次广告拍摄，我不再是那个坐在监视器前，指手画脚、提出意见的女主编，而是被现场所有人注目的模特，每个人都在"指挥"你：

雪姐，这个姿势不够放松。

挺胸，驼背啦。

再笑一下，坚持两秒。

走过来，转身看镜头。

也有鼓励和赞美：

很美，不错呦。

这个姿势好，保持。

笑开很好看……

在二十年女主编的工作中，我已经修炼到无论何种情形下，只需要不到十分钟，就可以让自己恢复百分百的自信。不自信，对我来说是一种人生久违的感觉。久违到完全慌了神，为了掩盖自己的慌神，我在十个小时的拍摄里，都没怎么说话。我不知道如何张口问：

怎么才能放松？

除了笑还能做什么表情？

走路时要不要看镜头？

为什么明明尽力挺胸可背不直呢？

……

我不敢看监视器里的自己。

小叶带了很多参考姿势的模特图片，就是从前每次拍摄编辑都会给模特或明星准备的参考图片。我每次试着摆出那些图片上的姿势时，都觉得自己在东施效颦，很不靠谱，可是又完全不知那个靠谱的状态和姿势在哪里。

穿衣服，补妆，拍照，再拍照，换衣服，补妆，拍照，再拍照。这是一个我熟悉又不熟悉的工作流程，熟悉是因为那是编辑的工作，不熟悉是因为我现在从拍别人的编辑变成了一个被拍的模特。

拍到第八套衣服时，我已经身心俱疲。

马上最后一套衣服，化妆唐老师为了鼓励我，给我画了一个大红唇，唇线清晰，鲜红欲滴。每套拍完再补妆，我都在化妆镜前闭着眼睛，我不太能适应镜子里那个精细妆容的自己。睁开眼睛时，看到了大红唇的自己，差点从凳子上跌下去——这个人是谁？

唐老师淡定地说："相信我雪姐，好看。"

我无法相信这是"好看"的自己，我平时只涂一种接近唇色的豆沙色口红，二十年不变。无论口红色多么丰富多彩，网红色号多么诱惑逼人，我一直固执地只用一种颜色。

这个新唇色，把我的不自信推到了顶点，感觉自己正戴着一张假面，尤其是一个假嘴唇在拍照。无论摄影师再如何启发，我在镜头前彻底失去信心。

可想而知，最后一套衣服在我这个不自信不年轻且不专业的模特演绎下，是多么牵强不自然。后来选片时，几乎放弃了这套衣服。

十个小时的拍摄，我就啃了一片吐司面包，大概因为太热，所以不觉得饿。拍摄结束时，工作室姑娘给我叫了一碗热面条。

我带着因为数次补妆已经越来越浓厚的妆容，还有奇异美艳得不像自己的大红唇，看着眼前一群忙碌的小伙伴，制片在组织打扫场地，摄影师在监视器前选片，灯光师在收器材，摄像在补拍静物，造型师在打包衣服，化妆师在盖箱子。我心神皆散，眼神飘离，开始吃面条。

回到家冲澡平躺，浑身酸痛，说不上来到底是哪里痛，原来当模特是个体力活。本来想复盘下自己第一次模特拍摄的感受，但一片混乱，理不出头绪，只有深刻地怀疑，一个 50 岁的女人，是不是要选择这样从头开始？

这次拍摄的成片，据说大家都很满意。客户很满意，用户很喜欢，朋友圈一片叫好。可是我自己最喜欢的，只是小叶抓到的一张背影照片。

现在回想起来，非常感恩参与这次拍摄的每一个小伙伴，大家对这个期待值很高可是表现力一般的新人模特相当宽容。

# 4

2021 年 11 月 24 日，北京七棵树创意园区摄影棚，为 ERDOS 拍摄 2022 年春夏广告图片，这是为 ERDOS 的第四季拍摄。距离第一次拍摄，已经过去 500 天。

今天掌镜的是年轻女摄影师子千。是我们第一次合作，但又不是第一次。

子千几年前给 *ELLE* 拍过一期刘雯，我记得自己当时说："拍得很好，把雯子女人三十后的小女人味道拍出来了。"

过去的 500 天里，我遇到了很多这样是第一次又不是第一次的摄影师。很多摄影师都曾为 *ELLE* 工作，我选过人家的片子，在美编的苹果电脑前赞美过或质疑过。

现在这种关系奇妙地换了一个位置。我不是在会议桌上、在策划案上、在苹果电脑上和摄影师讨论的女主编，而是要在摄影师镜头里，作为一个模特，完成和摄影师的共同创作。

# 5

拍摄前一天，和子千约在东隅酒店二层咖啡厅，她小小巧巧的，长得很好看，窝在角落沙发里。子千说她很紧张，因为要给雪姐拍照。我哭笑不得："我更紧张，因为要被你拍照。"然后子千说："那咱们扯平了，明天就当拍着玩吧。"

这一年多，我拍照时常常抱着书，不是为了要故意显摆自己爱看书，而是抱着书翻着书，可以迅速帮自己缓解紧张。但子千说："看您好多片儿都拿着书啊，咱们这是时装片，您别抱着书了，试试什么都不干，就看着我的镜头。"

第二天的拍摄在五棵树的影棚里，子千让道具团队做了一些不同颜色和光感的置景板，还有一些植物，几把椅子。棚里有一扇巨大的落地窗，阳光正好，自然光和灯光团队的打光相得益彰。

看到棚里置景时，心里点赞，这是一个脑子里有画面的摄影师。这种瞬间的职业直觉，来自过往二十年的主编生涯。有时希望自己忘记那些直觉，专注地发现和挖掘另一个自己。

化妆还是唐老师。他每次都会说："椅子够舒服吗？加个垫子，要坐两个小时，不舒服不行。"

即使加了垫子，换了拖鞋，貌似很舒服了，我还是只能勉强适应两个小时的化妆。从前化妆最多半小时，还通常是看着稿子，或开着电话会议，再或者跟同事说着工作，化妆师只能见缝插针地在脸上抹抹，我总是说，差不多得了，又不靠脸吃饭。

现在每一次拍摄都是专业化妆。我不大好意思埋怨唐老师化得慢，因为经他手下精雕细琢后，比那个熟悉的素颜的我，确实明艳动人好几倍。

化完妆，换第一套衣服前，我通常申请去洗手间一个人照下化妆镜，镜子里那个不太熟悉的光彩照人的自己，会给自己增强信心。

造型也还是老搭档。静每一次都赞我："雪，你又瘦了！"我心里撇撇嘴，如果不足够瘦，如何塞得进你的这一排小裙们。

## 6

我本来对自己的体重不敏感，不在乎胖一点或瘦一点，只要健康就好。开始接服装品牌的宣传广告拍摄后，发现体重不自由了。服装品牌的公关市场部门，新季来临前都有一套专供拍摄的衣服，叫"样衣"，一般都是设计师按照模特身材做的衣服，比正式上市的衣服要瘦一些。

为了在广告拍摄中自如地穿进这些"样衣"，每次拍摄前两周，我就要做一个控制体重的小计划，加强运动和控制饮食，让自己的身材呈现最适合拍摄的状态。

女人过了 40 岁，"天生不胖，怎么吃都不胖"就是一句谎言。

为了在摄影机前自信，就只有高度自律，自律换来自信。

## 7

子千，这么年轻的女孩，竟喜欢七八十年代老歌，棚里飘扬着王菲、林忆莲、张信哲、迪克牛仔的老情歌。在那些老歌词里，我很快进入"拍摄"的状态。

即使我有过做二十年编辑的经验，也并不全懂镜头前的那些奥秘。

即使人人都在用手机拍照片，但摄影依然是一件有门槛且很专业的事。从前只了解如何拍别人，当成为被拍对象时，才知道这是另一门学问。

你要收起平时身体的松懈，让每个关节每块骨头待命，准备呈现优美的状态；又不能把身体端起来，要很自然放松地呈现；但不能松到不美，其实很多照片上我们看着很美的模特姿态，都是拍摄时很不舒服的姿势。那些姿势，是我们素人平日打卡合影纪念照，根本不会摆的姿势。我只有自己在镜头前被专业摄影师拍摄时才彻底明白，原来那些姿势，都是需要学习和练习的。那种在紧张与放松、舒服与不舒服间的分寸，简直是一门玄学。

## 8

转身为新人模特后，我已经很久不再看监视器。监视器前有一大堆人，摄影师、造型师、化妆师、客户、工作室团队的姑娘们。我偶尔站到监视器前，两秒就会回到过去的那个女主编晓雪，开始要对图片、置景、灯光品头论足。

现在只想做好一个镜头里的女模特。只有专注这个感觉，才能让自己对着摄影师的镜头发光——那才是进入"拍摄"的状态。

我在拍摄第二套衣服时，与子千合作，忽然学会了和镜头谈恋爱。

和摄影师的镜头恋爱，你才会对着那个镜头发自肺腑地或微笑或沉思，或喜悦或悲伤，那些用眼神和姿态表现出的情绪，会变成一张有灵魂的照片。那个感觉，是清晰的觉知，镜头正在为自己新开一扇窗。窗外，是一片未曾体验的迤逦婀娜。

监视器前，听到有人在欢呼鼓掌，听到经纪人娜娜在说："雪姐今天开挂了。"

子千几乎同时感知到了那个在镜头前开悟的我。有时我们都知道，需要的那张图片已经有了，可是她没有放下相机，我继续保持我的状态，就像一次默契的演练。

这次拍摄，让我对拍照这件事，终于开始有了信心。发现自己有了新的能力，让合作的所有人，也更有信心。

经过那么漫长的不自信，经过一次次紧张甚至痛苦的拍摄，经过从前的自己，经过现在的自己，整整 500 天，我才敢说，在拍照片这门技艺里，自己刚刚入门。

# 回到*ELLE*

## *1*

生命中总有一些特别的日子，刻骨铭心。虽然岁月如流沙，但那些日子的分分秒秒，永远恍如昨日。

我在 *ELLE* 的最后一项工作，是 2020 年 1 月 7 日，*ELLE* 的年度头脑风暴会，也是我最后一次给团队做 "What's ELLE"（什么是ELLE）的演讲。

时光倒回到 2006 年，作为 *ELLE* 中国版新任主编的我，怀着忐忑的心情第一次来到巴黎总部办公室。那时，国际部大主编是一位风姿绰约、50 岁出头的法国姐姐，她上下端详我几个来回——那时的我梳着马尾辫，穿着一条规规矩矩的小黑裙，法国姐姐扭头用法语对同事说了一句话，然后转头问我："What's ELLE?"

我那时还不知道，自己会用十四年来回答这个问题。

两年后，我和法国姐姐混熟了才知道，她那天对同事讲的那句法语是："中国这么大，人才这么多，怎么找了一个女大学生来做主编？"

## *2*

那年是我的本命年，36 岁，可在法国姐姐眼里是一个"过于清纯，风情不足"的女孩，以至于担心我不够成熟，是不是有能力掌门这本在法国历史悠久、全民拥戴的女性时尚刊物中国版。

在这个岗位将近十四年，可谓艰难开始，顽强行进，创造完美高潮。对一份工作最满意的结果，其实不是挣了多少钱，出了多大名，而是创造了一些有能量的产品，令更多人相信美好，然后，成就自己小小的梦想。

当我最后一次给团队讲"What's ELLE"时，内心百感交集，无限感恩，这份工作所赋予自己的荣耀，已远远超过当年那个"过于清纯，风情不足"的女孩的所有期待，因而几乎没有遗憾，唯有感恩上天厚待。

就像面朝大海，看潮涨潮落。涨潮时雷霆万钧，欢欣鼓舞；退潮时趋于平静，总有落寞。

离开 ELLE，就像一条活跃的小鱼，离开了最熟悉的海域。我也有落寞，后来把这些心里的"落寞"整理思忖，写成了第二本书《优雅是种力量》。封笔时刻，蓦然欣慰，自己终于可放下"What's ELLE"这个问题，新的海域无限宽广，将有更多的问题等着这条小鱼去探索去回答。

世间有缘的人与事，有告别，就有重逢。

我没有想到，自己那么快会回到 ELLE，而且是以绝对无从预知的方式。

## 3

2021 年 7 月，盛夏的一天，上海某影棚。

这一天拍摄法国品牌罗杰维维亚（Roger Vivier）的宣传片，全

程策划制作由 *ELLE* 团队完成。影棚是我很熟悉的地方。从前团队在这里拍摄封面大片或重要客户的软性广告，我如果抽得出身，都会来这里探班。

摄影师和导演，见到我时总是习惯客气地走过来，跟助理说："快给雪姐搬把椅子。"然后我就坐在监视器旁，看一会儿拍摄，提出我的建议。

这一天我和经纪人、助理、化妆师走进影棚时，*ELLE* 已经准备好一间屋子作化妆间和休息室，门框上贴着一张纸条：艺人专用。

看到这四个字时，第一直觉是走错了屋。我这个"艺人"进去后，让自己迅速进入状态，化妆师摊开化妆箱准备妆发，我开始试穿，衣架上已挂好一排衣服，穿好一件，请造型师过来整理，手机拍照给客户和拍摄团队；然后再换另一件。

平面摄影是著名摄影师韦来。韦来拍得非常快，很有专业水准，还夸我：主编会拍照，很知道自己什么姿势美。其实，前主编心里一直在忐忑打鼓。

拍好了平面，开始视频部分的拍摄，从策划到导演、摄像、采访，全部是 *ELLE* 团队。

视频团队布光的时候，我先回到化妆间做文字采访。来采访的姑娘，是在我离开 *ELLE* 之后入职的，所以不认识，第一次见面。

姑娘的第一句话是："我终于见到您了。"

采访完，我对她说的最后一句话是："恭喜来 *ELLE*，希望你喜欢这里。"

很多年里，我对每一个进入 *ELLE* 工作的年轻人都说过这句话。

当他们出于各种原因离开的时候，我总是说："*ELLE* 是娘家，我们都是永远的 *ELLE* girl，有空回来看看。"

*ELLE* 也是我的娘家，这一天，我就像远行的大女儿，回来和弟弟妹妹们相聚。

导演是视频组熟悉的同事，他给我讲了一遍脚本，然后说："雪姐有什么意见吗？我可以来改。"我望着昔日手下，笑着说："没有，姐今天都听你的。"

# 4

摄像小伙子也在 *ELLE* 工作过，这是他第一次拍我，他坐在高高的机架上，调度着大机器的镜头一次次对着我，是一种奇异的感受。镜头扫过我时，悄悄走了神，想起从前和视频组开会的很多细节：我滔滔不绝地对每条片子发表意见，大家各抒己见，一条片子一条片子地分析。

有编辑部的旧日同事来探班，化了精细全妆的我有点不好意思，我从前在办公室里的"全妆"，就是一个气垫粉饼加一支口红。

视频脚本里，有一个桥段是我在写字台前写字，我带了一摞自己的卡片。拍摄的时候，是真的在写，给现场的每一个曾经的同事，写了一封家书般的短信。拍摄结束后，把信送给同事，大家心有戚戚，我也心有戚戚。

导演小伙子拍摄完，深夜给我发微信："姐为什么这么瘦了，摄像赞姐的脸扛得住机器 180 度转拍无死角。"

我哭笑不得："姐一直这么瘦好嘛，并没有比做你们主编时更瘦，只是那时，你们没有在镜头里看姐呀。姐也没想到不做主编了，但竟然能走进你们的镜头里。"

一个多月后，这一天拍摄的视频在 *ELLE* 公号和微博发布，拍摄的图片和采访刊登在 2021 年的 *ELLE* 十月刊。十月刊是周年庆刊，*ELLE* 每年最重要的一期。北京和上海不同部门的同事递来杂志，家里多了一摞十月刊。

旧日小伙伴贴心地在有我照片的那页贴了一张黄便笺，上面写着："在 *ELLE* 又见雪姐，真好。"

回到 *ELLE*，也真好。

人生如梦，念念不忘，必有回响。

## 走自己的路，让别人说去吧

在我的中学时代，每个孩子都有一条自己的"人生格言"。有一天，班主任心血来潮想了解下全班同学的人生格言，让大家把自己信奉的那条写在黑板上。

半小时后，半块黑板是字体不一的同一句话：走自己的路，让别人说去吧——但丁。

我至今记得，班主任老师当时托了托鼻梁上的眼镜，铿锵有力地说："少年有志最可贵。希望你们长大后，依然记得今天黑板上的这句话。"

那时，一屋子青涩少男少女，对未来充满理想与期待。那时不知柴米油盐，不懂岁月沧桑，更不会想到长大以后，除了"有志"，还有妥协。

无论你现在二三十岁，还是四五十岁，在月光如水时，还会不会再对自己提及那句少年志气：走自己的路，让别人说去吧。

早上刷朋友圈，看到维密内衣的新广告："做自己，挺你——去成为那个你想要的样子。"

提起维密，第一个想到的词是"性感"。从前女人的性感定义，常常是男人说了算。与其说维密正在重新定义性感，不如说把标准和视角转向了女性本身。

"做自己"很难，因为每个人对社会价值观的标准不一，要不断和很多世俗价值观相抗衡。有时夜深人静时，我会默默对着月光复盘自己的人生，那个从小期待"做自己"的女孩，是坚持得多还是妥协得多？每逢此时，总是想起多年前那个午后的黑板。

人们常说"变化就是唯一的不变"，可是我更喜欢关注那些不变的东西，喜欢那些在坚持"做自己"的人。

女友 A 是恒隆某名牌时装店店长，除了是厉害的柜姐，她还喜欢跳舞，肚皮舞。店里生意风生水起时，她辞职决定创办舞蹈课堂，把爱好做成事业。她的所有女友，包括我，都觉得她疯了。七年过去，她的舞蹈课堂已小有名气，我们这些年都轮流被她说服过，被拉去学跳肚皮舞来解放自己的身体。

这期间最艰难的时候，没钱、没收入、抵押房子，她毫不动摇，总是说"所幸我爱舞蹈的心没有变"。

女友 B 是世界 500 强企业高管，生了两个娃后，母爱荡漾，想做儿童教育，42 岁开启创业人生新程。目前已磕磕绊绊两年，还没见啥大起色。不过女友自己很开心，非常无悔自己的选择，她说小时候的志向曾是"做最好的幼儿园阿姨"，现在终于奔跑在实现儿时梦想的路上，挺好。女友前半生华丽丽，名校毕业，毕业就进入大公司，稳稳当当，一路升职，是职场女性的榜样人生，可她说："不想再做别人的榜样，想做自己喜欢的事。"

女友 C 是我的闺蜜包小姐，清华大学电机系毕业，美国名校读MBA，毕业后进入全球四大咨询公司。传说是因为我们每次见面，我都背着不同的包，她对包，尤其是独立设计师小众品牌包，产生了强烈兴趣。理工科女人的钻研精神真心让我这个文科生佩服，她后来写的关于包的像论文一般严谨的小文，我都自叹不如。再后来，她辞职做起独立设计包的生意，还写了一本叫《我爱手袋》的书。

女友决定转行前，我给她泼过好几盆冷水：一个理工科女人，怎么做得了我们这行生意？隔行如隔山，太难，在纽约咨询公司妥妥拿高薪不是挺好的嘛。

她选择了一条艰难的但是自己想走的路，一路狂奔，不犹豫，不回头，乐在其中。做自己，不是任性妄为。做自己的代价，比做"别人"高很多。

越想做自己，坚持自己的价值观，坚持做自己喜欢的事，越要有不被外界干扰的意志力和说干就干、从最基本的小事做起的行动力。

我们活在一个充满点赞的时代，每个人在不断评价别人，也分分钟被别人评价，尤需拥有足够强大的内心和意志，并有强大的执行力，才能让那个"做自己"的心愿，在现实中变成自己身上的光芒。

# 优雅的定义

2022 年 12 月 15 日，B 站发布年度弹幕关键词，不同于 2020 年的"爷青回"、2021 年的"破防了"，这一年的关键词是——"优雅"。B 站官方总结是："优雅，用于称赞某人拥有强大的内心或过硬的本领而处变不惊，无论在什么情况下都能找到并保持从容稳健的状态。"

那天，不少朋友转发我这个消息，"优雅"成为年轻人喜爱的平台热词，也许是因为 2022 年太多不确定，疫情的不确定性，让每个人的生活跟着不确定。摇摇摆摆的日子里，"优雅"的心态成为所有人的刚需。

少女时代，听前辈聊起"优雅"，感觉这两个字离自己好远，优雅是端庄娴静的高贵模样，是千帆过尽的荣辱不惊。大学宿舍里女孩子们提到这两个字时，上铺姐妹说："就是传说中宋家三姐妹的样子吧。"对年轻的我们来说，有点高不可攀。

那时风风火火，快人快语，踩上高跟鞋晃晃悠悠，穿上长裙无处安放手脚，喜怒都印在脸上。我和女友们，追求酷帅，追求时髦，追求与众不同。那时我问心目中的优雅偶像——亲爱的姥姥："姥姥，我们这一代女孩，还需要'优雅'吗？"

姥姥答："女孩长成女人这许多年，就是优雅养成之路。**没有女人不需要优雅，无论哪个时代。**"

被一生坎坷并通透智慧的姥姥言中，"优雅"成为当下最年轻的社交平台热词。

从 20 岁到 50 岁，"优雅"这两个字，在心中氤氲，在岁月忽隐忽现，在生命里越来越清晰：优雅是一种女人的样子，更是一种女性精神、一种生活态度，或者说，是一种信仰，是一个女人选择怎么活着。

姥姥曾经在一个云淡风轻的午后，悠悠地对我说出她的"优雅"定义：**"优雅是追求完美的心气，和接纳不完美的淡定。"**——这句话，后来成为我三本书的封面文字。

用了几十年的时间去领悟姥姥的这句话，原来优雅是一个女人生活阅历的沉淀之美。只有拼尽全力地追求过完美，头破血流地经历过不完美，才得从容淡定；优雅是一种百折不挠、百毒不侵、百催不败的处世哲学。

"优雅"历久弥新，和岁月是最好的朋友。女人身上有很多地方"怕老"，比如我们的眼睛、皮肤、头发、有关健康的诸多指标……而"优雅"这种品性不怕老，二三十岁认识优雅，三四十岁追求优雅，五六十岁，七八十岁，青春渐行渐远，而一个女人可以随着年龄增长，越来越优雅。

喜欢从前的优雅，如宋氏三姐妹端庄知性的样子，也爱家里老相册里，姥姥年轻时穿着旗袍的温婉小照，非常迷恋民国时期女子特定的时代优雅风格。

时光进入当下，女孩自信和自在的样子，其实也是当下的优雅。能撑起长裙也爱牛仔，可蹬高跟也爱白球鞋，或文静乖巧，或泼辣伶俐，或喜欢复古，或偏爱新潮，优雅的外表可以有很多种模样。

B 站的官方定义，和姥姥的定义，并无区别。女人外表的优雅，在每个时代有不同的诠释；而内心的优雅，从未改变，像一颗钻石，被岁月打磨得光芒夺目。

过去三年，我常常被问："优雅"是什么？

我期待每个女孩都有自己的答案。

生活节奏越来越快，我们是不是有分寸按着自己的节奏行进；网络信息扑面而来，我们是不是有定力保持独立思考能力；名利诱惑比比皆是，我们是不是还记得自己的初心……变化与无常，像疾风骤雨般常常光顾，无法期待每天都是晴天，无法预知明天是否安好如初，生活中似乎处处越来越"卷"，想要不慌张似乎越来越难……

我的"优雅"答案——优雅是一种向上、向美、向善的力量。"向上"意味着无论生活多糟糕，依然有向前的勇气和信心；"向美"是指无论什么年龄什么境遇下，我们都不放弃美，不怠慢自己；"向善"是指慈悲心，成年人除了家里柴米油盐，心里还要有别人、有天下。

## 倒影的故事

### 1

和品牌开会，品牌公关总监总是笑问："现在把雪姐归在哪一类才最恰当呢？从前当然是媒体人、著名女主编；现在是自媒体人，也是一名 KOL，更是一名 role model（榜样），既有职场专业背书，又是一个公众人物。"

"KOL"是"Key Opinion Leader"的缩写，即意见领袖。人在中年，又很向往自己老年的样子，所以先把中老年都占住。于是，若有人问最近在忙什么，我就答：认真学习做一个会写字、会讲课、会拍照、会录短视频，也许未来还要会主持、会直播、会更多事的中老年 KOL。

### 2

这一次广告外景拍摄在西塘的良壤酒店。这是一家集建筑设计和当代艺术为一体的、很特别的酒店。从前来这里时，只为喝喝茶，看看画，发发呆；今年来这里，是为了工作，很不一样的心情。

酒店的院子里，一如往日的静谧与静美。

南方十一月，对我这个北方女人来说，依然温暖如春。

拍摄间隙，小伙伴们搬灯布光换景时，我被酒店里的倒影迷住。

水面涟漪，倒影如画。

有人说倒影是虚幻的，多美的倒影，你伸手一触，倒影即散。我不这么看，**倒影其实是人生另一种状态。**

我自己，就好像在一段倒影人生中。看着身边忙碌的摄影、化妆、造型、灯光、置景……就觉得他们之中，有我自己的影子，一个从前的影子。

## 3

我做过二十年时尚主编，做过八年电影电视，拍图片和拍影像曾经是工作的日常。

从做片场最零碎、最基本的工作，到成为那个在监视器前给所有人提出建议和意见的人；从听前辈吩咐要先做什么再做什么的小工，到成为那个帮助团队解决一切问题的万能螺丝钉。岁岁年年，无数次成功与不成功的拍摄，片场发生的故事，像一部好看的职场连续剧。

喜欢和享受每一次拍片的过程，和伙伴们从策划到执行再到后期，就如同一个新生儿诞生。有兴奋有焦虑，有期待有失望，在一次次轮回中，大家一起慢慢成长。

从前我是那个拍别人的人，现在自己成了被拍的人。就好像岸上的树和水中的树影。坐在水边恍惚，到底从前的生活是倒影，还是现在的生活是倒影？

这个没有预期的转身，让自己衍生了很多手足无措的不自信。

就像多年前第一次拍片，那种完全不知如何拍才好的不自信。

那是二十年前，我是一个刚刚上手的时装编辑，从品牌公关部小心翼翼地借来一大包衣服和配饰，第一个功课是拍一组静物。对着衣帽间的一摞名牌衣物发了几小时呆，跑到图书馆，参考了数本国外杂志，才慎重、紧张地开始做拍摄方案。

真到拍摄的时候，发现比我想象得复杂，即使要把一顶帽子拍好，也要非常精心地选好一个角落，摆放好周围的东西，再认真地布光，最后呈现在摄影师监视器中的那顶帽子，才像那么回事。

这组静物片，我拍了三次，才勉强满意。

现在同样不自信的我，听到拍摄团队一片欢声笑语中，有人说："新人表现不错。"

听到后，咧开嘴对着阳光傻笑，"新人"这个称呼太美好。

听起来就像水中的缤纷树影那样不真实，又像岸上繁茂的大树那么真实。

**人生漫长，有机会做"新人"，简直是岁月最好的礼物。**

## 4

几周前为上海进博会拍一个纪录片，今天被正在看样片的品牌问："你是拍摄现场发挥最好的被拍对象，你以前没做过幕前啊，你是不是特别擅长即兴发挥？"

我多么想回答："是，我就是天赋那么高的人，哈哈。"

但事实是：不是，特别不是。

我从来不相信那些唾手可得、即兴发挥的优秀，那只属于极少

人生漫长，
有机会做"新人"，
是岁月最好的礼物。

摄影 / 闻晓阳

数天分极高的人。

我普通、平凡，只是努力、执着。所以，只相信笨鸟先飞，天道酬勤，厚积薄发。

只要有阳光，就有影子。影子总是比我们本来的样子要美，因为有阳光加持。阳光就如同那位叫"命运"的老人，对每个人都很公平。

无论在哪个年龄段，唯有不断成长，才让人生机勃勃。成长的过程，就是从不自信到自信的过程；然后再次，再一次，再很多次，从不自信到自信。

所以，务必要珍惜我们生命中那些不自信的时刻，那意味着新的开始；意味着，你将有机会让比自己更美的那些影子，真实不虚、光芒不散。

# 云看秀的日子想起秀场C位

我的朋友圈里，有很多在奢侈品牌工作的朋友，还有很多媒体同行。往年"十一"，大家都在巴黎时装周做秀与看秀。疫情三年，大家都在家云看秀。"十一"假期里，朋友圈里大部分朋友晒沙滩晒美食、晒猫晒狗晒娃，只有时尚媒体和时装品牌的战友们，孜孜不倦地晒一场又一场的云中秀。

秀场是时尚行业的名利场。

当我还是一个无名小编的时候，曾经那么仰视秀场。那是大品牌、大设计师、最俏名模、最美华服、最动听的音乐、最富创意想法的集合地。每一场秀，都像一场梦。坐什么位子不重要，甚至有没有座位都不重要，只要有机会进秀场，看到就好。

做 *ELLE* 主编十三年半，连看十三年秀。美梦越来越短，梦醒越来越快。

为秀场里每家媒体位子的多少，为每一个位子的具体位置，媒体和品牌公关之间每季进行着一场啼笑皆非的拉锯战。其实也不知有多大必要争来争去，尤其新媒体开始同步直播秀场之后，在秀场没看清的细节，可即刻抱着手机再看。

也许因为行业太小，秀场更小，大家都在争，不争好像就哪里不对。仿佛一众人商量好了，集体去争每一个区域的 C 位。得 C 位者，得意盎然；得不到的，羡慕忌妒恨，下一场继续争。

C位，是天下名利场里赤裸裸的概念，每个行业都有。光荣榜的名单上，庆功宴的主桌上，朋友圈的照片里，有谁没谁，你排第几，坐哪个位置……我们常常八卦C位之争。其实每个人的生活里，都或深或浅地经历过关于C位的故事。

我不喜欢鸡血成功学，并不是清高得不想成功。如果是不努力、不经历、不奋斗的佛性，那不是真的有说服力的佛性。但成功，不是人生唯一目的和终点。若想透这一点，不一定可以更成功，但肯定可以更快乐。

假设C位是人生某一站的成功标志，李宗盛最近给奔驰写的那句广告文案——"成功从不被谁始终拥有，我们至多与它片刻比肩"，是沧桑过后精辟的人生领悟。

我们努力，也许有一天达到自己那个领域的C位，我们还会继续前行，C位只是曾经；我们努力，也许从未有机会坐在C位，我们依然会继续前行，路过的风景，都是好风光。

拼尽全力努力过，这样的人生无论有没有C位时刻，都很值得。

手机里有很多张过往"十一"前后，从纽约到伦敦，从米兰到巴黎的秀场纪念照。

昨天线上看香奈儿在巴黎大皇宫的春夏大秀，镜头扫过观众席时，看到了自己坐过的熟悉的ABCD位置。

一念从前巴黎秀场奔波的"十一"，一念现在穿着休闲服、吃着零食、盯着手机的"十一"，每一念最大的快乐是——**没有遗憾，过往与现在，各得其所。**

这个瞬间，
像一部关于巴黎的电影开始。
我在镜头后，
怀着心事，看着铁塔。

摄影 / 雪

左页这张照片，是在 2017 年巴黎时装周，在埃菲尔铁塔附近的爱马仕秀场拍的。是我自己用手机随手拍的关于时装周的散照里，非常难忘的一瞬。

秀就要开始了，端着香槟的服务生正要离开秀场。他经过我的时候，我正在痴痴地看着窗外的埃菲尔铁塔发呆，刚刚好，他走到了铁塔拱形影子下，我按下了手机，那一刻有神奇的魔幻感。

照片里没有华服，没有模特，也没有自己。可是不知为什么，每当看到这张照片，仿佛看到了自己巴黎时装周记忆的全部美好。

而回忆起来才发现，最美好的部分并不是坐在 C 位，而是曾经经历，曾经见过，曾经在秀场内外，风雨兼程。

## 你永远是自己的支点，越早知道越好

还记得《东京爱情故事》吗？剧里那个叫"赤名莉香"的勇敢爱的女孩，曾经给了一代人恋爱启蒙。扮演者是日本著名演员铃木保奈美，前一阵，54岁的她宣布离婚，离婚前开了自己的工作室，重新踏入演艺界。

铃木结婚二十三年，是典型的被婚姻"绑架"的故事。

本来当然有爱，但爱慢慢成为一种束缚，婚姻如一根绳子，将自己越捆越紧，甚至不能呼吸。大约想到有三个孩子，以及生活的惯性，拉锯扯锯，直到第二十三年，忍无可忍，决定离婚。

类似的故事，生活中见过很多。女人比男人更渴望爱情，可不是每个女孩都懂，爱情的实质是让彼此变得越来越好。一个不支持你成长得越来越强大的男人，不值得你托付终身。

**比"托付终身"更可靠的，是意识到自己是生活的支点，不是父母，不是男人，更不是婚姻和孩子。**

支点是一个女人的独立心态，职场女性也好，家庭主妇也好，都要让自己心态独立，有冷静的思考能力，有买单的经济能力，有可诉说的朋友，有安于独处的乐趣……

只有支点远远不够，但有了支点，人生才会茂盛地开花散叶。爱情、友情、事业、兴趣、孩子、亲人，都是花和叶，支点是根。

除了以上，有支点的女人，还有一个很大的特点——心眼宽，格局大。

一个女人，无论年轻或不年轻，若眼里和心里，只有穿什么用什么，只有老公孩子和自己的小日子，这没什么不好。可是人的心界越窄，越会计较，鸡毛蒜皮的事，都能把自己气半死。

当常常抱怨生活真相是"一地鸡毛"时，想没想过"鸡毛"感自己也有一半责任。若已忘记家门外那些国事与众生，不再展望诗与远方，命好，是一只娇滴滴的金丝鸟；命普通呢，就会日日夜夜被琐碎折磨。

在"大事"面前，我们每个人都渺小如蝼蚁。过去十几年，我常常称自己是一只背着箱子在京沪两地间奔波的小蚂蚁。但这不意味着，做一只蚂蚁就有理由冷漠和自私。

建立好自己的支点，小蚂蚁也有大力量。

一个人对外爱的能力和对内感受幸福的能力，一方面靠自己的修为，一方面靠别人的肯定。内外加持，那个支点才越来越强大。

若一个女人到了中年，不算顺风顺水，或未婚未育，或嫁错人家，或亲人背叛，那种翻盘的魔力、抵御无常的勇气来自哪里呢？不只源于自己的努力，也不只依赖命运的眷顾，很重要的是——有朋友愿意帮你；前提是——你曾经帮过很多人，为自己积累了足够的福气。

## 恩仇皆是人生

晨读明代《小窗幽记》，这是常年放在家里茶几上的我的宝书，已断续读了五年。从哪一章哪一页读起都很好，书中句句古人肺腑之言。

今天对这句颇有感触："人之恩可念不可忘，人之仇可忘不可念。"

昨天收到两条裤子，是我很喜欢穿的高腰阔腿裤。快递来裤子的姑娘，是一位认识多年的设计师。十年前，我第一次见她时，买过她设计的一条高腰阔腿裤。那条深棕色高腰裤是挚爱，穿去世界各地，爱穿到脱不下来，结果去年发现裤子竟然已经让我穿破了！大概是过去几十年我唯一穿破过的一条裤子。

我把破了洞的裤子递给设计师，想看看有无办法修补。才知她已经转行，不再做时装设计，她回复"想想办法"。

后来一忙，就忘了这条裤子。再收到她消息时，是要家里地址，她辗转找到了当年做这条裤子的版师，用现在手里可以找到的面料，按照原来的版型，帮我重新做了两条。

收到裤子时特别感动，想对她说："You made my day（今天被你点亮）。"这是学英文时，老师讲过的一句很动人的句子。记得老师说这句可用于和喜欢的男孩子调情，也可用于生活中特别感动的时刻。

经历愈多，
愈觉并无不可原谅的世事。
蓦然回首，
人生都在柳暗花明处。

摄影 / 秦颖

我和这位设计师平时联系不多，甚至不算很熟，连一顿饭都没有正经坐下来吃过。她微信里絮絮叨叨说不能忘当年她最难的时候，我帮过她，一一列举了我帮过她的几件旧事。说实话，大部分我自己都不记得了。

　　被人惦记和感恩，是一种特别甜蜜的感觉，也是一种极大的能量。

　　两天来一直在想，还有什么地方可以帮到这位女友；又掰着指头算，最近帮助了多少人，这实在是给自己积累快乐福报的源泉。

　　人生不只有恩与回报，也有仇与背叛。

　　最近在一次活动上，偶然重逢一个自己不喜欢的人，被她算计过陷害过，觉得她的微笑里都藏着毒。她过来打招呼，我戴着口罩勉强回了一句"你好"，就赶紧错开跑去另一个方向。

　　其实只是短兵相接几秒钟，却让自己想起了不愉快的经历，脑子里浮现的都是人性的丑陋，后脊梁骨瞬间冰凉。一种说不上来的难受浮上心头，原来自己并没有放下。

　　几秒钟产生了很多负能量，觉得自己一下子灰了。


　　我妈在世时，和她讨论过如何面对自己不喜欢的人和不喜欢的回忆，因为似乎无论多么潇洒，并不容易忘记。妈妈提及了当年高考时的我。

　　很多年前的那个七月，高考结束后，我整个暑假都怒气冲冲，怨声载道，口口声声说以后写一部小说，叫《黑色七月》，"控诉高考"，倾诉"一个18岁女孩的压力"和高三那年"生不如死"的经历……

当然，后来没有写。

多年后懂得，若是高考就算"生不如死"，那么此去经年，往后的人生，大概算是无数次的"死里逃生"了。

妈妈说："有仇不急报，比有仇必报，更让人活得豁达和快乐。"

报仇这事，不但不能解恨，还会让恨在心里生根。

就像我当年那么咬牙切齿地要"控诉高考"，现在呢，自己不也是在反复跟年轻人说："高考只是人生一小站，放轻松，通向罗马的桥有千万条。"

妈妈还说："君子报仇，十年不晚。当自己心里有恨的时候，可以这么想。"

是锤炼十年再去报仇吗？不是的。十年后，你已忘记了这段仇。

要是过了十年，我还念念不忘呢？

人应念念不忘的，是受恩与施恩。

念念不忘那些糟心事，只会让自己更糟糕。

一个天天想着"报仇"的人，浑身都是负能量；而一个总想着如何感恩和帮助别人的人，从内到外更容易快乐。

再说，谁的成长里没有委屈呢？谁又没被欺负过呢？不经历这些，又如何能凤凰涅槃般成长？而当千帆过尽回头再看，只会一笑而过。

一笑而过得就如木心先生那句："**不知原谅什么，诚觉世事皆可原谅。**"

今早读到这句"人之恩可念不可忘，人之仇可忘不可念"时，醍醐灌顶，想起最近经历的事，想起多年前和妈妈的对话。

要学习我这位设计师女友——滴水之恩，不忘、常念，也是对自己品行与心情的滋养；滴水之仇呢，放不下，也不必常常念，只会让自己不开心。

　　妈妈说了，先放十年，十年后就淡了。

　　恩仇皆是人生。有缘人终会相遇，无缘人亦狭路相逢。还是高僧们说得通透：好事坏事，好人坏人，只要遇见，都是缘。

# 被岁月塑造和善待的姐姐们

第一次去博鳌。

从前当然也在"新闻联播"和各种财经报道上，看到热议的"博鳌亚洲论坛"，总觉得那么高端的会议，离自己生活有点远。

收到博鳌亚洲论坛女性圆桌会议的邀请时，一时没反应过来，当时忐忑，自己要在这个圆桌会议上讲什么。

女性圆桌会议的主持人是原联合国妇女国际论坛主席侣夫人，大家都叫她"夫人"，是一位爽朗明快的大姐，曾随外交部副部长的丈夫在日内瓦、纽约中国常驻联合国代表团任职。自己又相当独立，曾访问过 80 多个国家。

参加女性圆桌的姐姐们，有新西兰、挪威、以色列、斯洛文尼亚驻华女大使。不是大使夫人呦，而是女大使，还有时任香港特别行政区行政长官林郑月娥，以及各行各业的女主席、女书记、女总裁、女艺术家。二十位女性，用夫人的话说，坐在这里的，都是"杰出女性"。

和这么多优秀姐姐同桌，自己有"职场小白"的感觉。本届圆桌的主题是"女性力量与社会责任"，夫人开场后，每位来宾可以自由发言。

我发言的主题是"女性成长与优雅精神"。聚集 30 岁到 50 岁的职场女性，家庭身份和社会角色的平衡，以及对年龄的焦虑、自身成长和孩子成长的双重压力；也讲到自己观察到的"90后"新一代设计师，她们具有的时尚可持续发展的意识和对有机生活的渴望……在我的行业里，女性从业者高达80%，这让我多年观察和关注女性成长。结束二十年女主编生涯后，现在开启人生新的一程，专注女性优雅精神的传递，希望优雅是一种力量，可以让女性从容自信地从少女时代、青年时代，稳稳地走进人生中年。

女人只有自己不断成长，才有能力去帮助更多的女性。

很开心自己的发言得到了夫人和其他与会姐妹的高度认同，后来时任特首林郑月娥的发言，也谈到了女性优雅。会议临近结束时，姐姐们一起聊到了优雅。

圆桌上的姐姐们，个个都是女性精英，都有自己事业的一片天，成功的女人、优秀的女人、呼风唤雨的女人，也希望自己是优雅的。

"优雅"这个词，在不同的时代，有不同的解读。然而，不论时代多么不同，日子总有相同处，姥姥在二十几年前那几句对"优雅"的定义，现在看来并不过时，现场我分享给了大家："优雅是得体而精致的外表，优雅是丰富而强大的内心，优雅是追求完美的心气和接纳不完美的淡定。"

姥姥对"优雅"的定义获得在场精英姐妹们的高度认可。

除了女性圆桌会议，我还受邀参加了一场人气火爆的分论坛"乘风破浪的网红经济"，参加者有李佳琦，还有薛兆丰教授，凤凰卫视的于盈担任主持。这场论坛大概是本届博鳌最欢声笑语的一场，每个人都畅所欲言，关于直播、网红、爆品与品牌。

自由问答时段，有一个问答，令人印象深刻。台下观众有一家家庭财产管理公司，会员是企业家和他们的太太。太太们是薛教授的粉丝，于是这家公司代表问薛教授："我们会员群里的太太们想跟薛教授讨教一条给女人的建议。"薛教授很干脆地回答："女人只有经济独立，才有靠得住的人生。请太太们除了太太的身份，再为自己加一些其他有价值的身份标签吧。"

　　薛教授回答完，我忍不住和全场观众一起鼓掌。

　　住在博鳌的代表酒店，我每天都在观察在这家酒店里忙碌奔波的政界和商界的女性们。和董明珠擦身而过，和女市长讨论城市建设，和女艺术家聊创意……出色的女人，各有各的风采，我发现喜欢的一些姐姐，身上都有一些共性：

　　**谦和低调。**越有本事的人，越谦虚；因为谦虚，而彬彬有礼。

　　**装扮大方。**没有人穿超短裙或紧身裙，没有人的鞋跟超过 7 厘米。

　　**思路清晰，表达逻辑好。**想说的事，想表达的观点，心里有数，说出来时逻辑清晰，有论点有论据，让人信服。

　　**不抱怨，从我做起。**圆桌会议上，时任复旦大学党委书记焦杨姐姐有一句话说得好："社会（包括男性）对女人所有的友好，都是我们争取来的，不能等着靠施舍，抱怨尤其没用。"

　　**我们不仅杰出，我们还要美。**这句是侣夫人在女性圆桌会议欢迎晚宴上说的话。大女人，能做事，能言政，也能让自己美美的。

　　**有勇气。**勇气这个品质，尤其适用于中年女性，不被柴米油盐的生活惯性束缚，不停留在舒适区，不停止学习，人生不再青春的下一程，同样值得期待。

**自己养活自己，还能帮助别人，这足够了。** 早餐厅，听一位在食品领域成功创业的女总裁接受采访，经历了非常坎坷不易的创业之路，被合作者蒙骗，被爱人抛弃，反复跌倒反复爬起。记者问："您觉得自己最大的成就是什么？"女总裁回答说："自己可以养活自己，还能给很多人发工资，让更多女孩也养活自己，这足够了。"

**有健身之道。** 认识了一位著名科技公司的漂亮女总裁，人长得好看，每天在 N 个会议之外，坚持跑步。发现每一个四十后的精英姐姐，都有自己的健身之道。健身不仅是为了健康和瘦，也是女性锻炼意志的好方法。

**被岁月塑造和善待的姐姐们。** 见到很多"50后""60后"的精英姐姐，和我们从前想象中的六七十岁奶奶们，非常不一样。她们时髦、端庄、坚定、从容，有格局，有想法，并且有下一个人生和职场奋斗的目标。她们或胖或瘦，皱纹或多或少，经历半生风吹雨打，当下从容淡定，铿锵有力。每每向她们请教时，有如沐春风之感。

与这些姐姐相遇，就好像在漫长的人生长河中，有人为你高举着烛台，点亮了前方。回头看，是永不再来的青春；向前看，是永远值得期待的未来。

# 什么是成年女人的天真

有一个做时装定制的朋友说:"我想做的衣服,是给也女人也女孩的'大女人'穿的。"她的衣服设计、面料和手工都一流,确实是大女人之选。

朋友说,不是只有豆蔻年华才称为女孩,"女孩"也是一种成年人的天真心态。

人要长大,长大后,还要不断成长。成熟很必要,是生活不断地一层一层剥离天真的过程。

小时候,妈妈们总是说:说谎话,鼻子会变长。孩子们天真地相信,要一生一世做一个诚实的人。

长大以后才知,生意场里永远说真话是多么难。前辈告诉你,可以说善意的谎言,可以有适度的夸张,即使做不到句句实话,但可以努力做一个有诚信的人。

小时候,很少面临生死,家里老人走了或者养的小动物走了,也是浅浅的痛。今天哭一鼻子,明天就忘了。大人说,去了天堂,孩子就信,天堂是另一个遥远的居所。

成年之后再面临生死,是不能忘记的痛,是时间愈长痛楚愈深的痛。死亡是成人必修课,看得淡也好,放不下也好,都必须接受和面对。

小时候读过的所有童话，都有一个阳光结局：好人必胜，真爱会赢。

长大后，社会赤裸裸地告诉你：成者王，败者寇。好人败了，也惨不忍睹；坏人赢了，人们会忘记他是个坏人。真爱呢，也许会赢，也许一败涂地。

成熟的代价，就是对天真的一次次洗礼和撞击。

那么，成熟女人的天真是什么？

**天真，是保持好奇心。**好奇心不分年龄。一个天真的人，永远都对新生事物有好奇心。成年人保持好奇心不是一件很容易的事，要把自己从工作高压和柴米油盐中解放出来，去关注和执着于那些不够功利、不够实际的事。

有时，我们见到一头白发的奶奶，可是脸上有一<u>丝丝</u>少女的光芒。那不败岁月的一<u>丝丝</u>，就是好奇心带给女人的光泽。

**天真，是了知世故而不世故。**世故，就是那些似乎已被约定俗成的坊间流言，比如"这个世界无商不奸，所以战胜坏人的唯一方式就是成为更坏的人"。

世间道理千千万，我们没办法决定所有道理，没办法控制别人怎么想，但可以决定让自己信什么、不信什么。

人与人之间，若不世故，你会心甘情愿付出真情真心，也感受到更多真情真心。感受不到呢，也不必抱怨，只是时候未到。

不世故的女人，常被人说"傻""单纯"，但只要信天在看，生活最终总是厚待这样的人。

**天真，是历经繁华和饱经风霜之后，回归简单和素朴。**没有见识过繁华喧嚣，没有被风吹雨打过，简单和素朴就只是一张最普通的薄纸；经历之后，才是一袭有底气有纹路的上好的宣纸。

我 30 岁时的人生目标，不是成家，不是买房，不是创业，而是想行万里路，走遍全世界。为了每年假期可以绕着地球跑，其他日子里只想拼命工作，努力挣钱，然后奖励自己游走世界。我常常开自己的玩笑，为什么没有做旅行杂志的编辑，而做了一名时装编辑。

我生在北京，长在北京，北京很好，可是依然渴望外面的世界，渴望走出自己成长的地方，去探索一切未知。坚信只有看到世界有多大，人心的格局才会有多大；只有领略千山万水的繁华，看遍风土人情的烟火，有一天想静下来时，才能真的静。

其实繁华喧嚣与简单素朴，并不矛盾。它们存在于人生的不同阶段，显露于一个人的不同面相。

**天真，是一种自在。**我不怎么羡慕成功的人，可是羡慕活得很自在的人。有自己的主见与章法，任世事嘈杂和风云变幻，任龙腾虎跃或鸡飞狗跳，我有我所信，所钟情，所投入，所安然。活出自在的人，都有自己强大的精神世界，在朝在野，出世入世，或成或败，都可以从容面对。

我有幸和这样的人当面闲话，深觉人家大智慧，并有一种骨子里的天真，明明经历万千世事的险恶，脸上依然一副不谙世事的清明。

**又成熟又天真，也女人也女孩——做女人的好境界，共勉。**

人到中年，
岁月氤氲，
有成熟有天真，
也女人也女孩。

摄影 / 王华钦

# 女人40岁以后，要开始成为神话

这两天读了美国设计师黛安·冯芙丝汀宝（Diane von Furstenberg）的个人传记《我想成为的女人》（*The Woman I Wanted To Be*）。这本书的中文版 2017 年上市，当时粗翻没细看。疫情三年，宅的时间比从前多很多，喜得大量闲读时间，把家里很多从前没认真看的书，都搬出来重读。

Diane 于七十年代创立了同名时装品牌 DVF，最有名的是流行了几十年的裹身裙。她的一生相当传奇，出生在比利时布鲁塞尔，第一任丈夫是德国王室后裔，婚后移居纽约，25 岁创业，40 岁因资金周转不灵关掉公司，45 岁（1991 年）通过当时刚刚兴起的美国电视购物强势回归。中年查出癌症，通过化疗挺了过来。虽然她二十几岁已成名，但从书里回忆的节奏来看，50 岁以后，Diane 女士才终是迎来生活和事业的黄金期。

全书开篇是作者回忆母亲对她的教诲。Diane 的母亲是一个在纳粹集中营侥幸活下来的女孩，也许因为少女时代这段终生难忘的痛苦经历，体会了生命与自由、坚强和无常，给了女儿明理通透的教育。比如，母亲常常对 Diane 说，**看起来最糟糕的事情，结果可能是最好的**。

母亲给 Diane 的教育核心关键词是：**独立、自由、自立**。这几个词的价值观，是给 Diane 最好的人生礼物，支撑和伴随了她一生。

我看这位传奇女性的故事，最被打动的部分不是人家如何成为女性商业领袖及精神领袖，而是作者的爱情故事：一生遇到不一样的男人，谈了好几场轰轰烈烈的恋爱，结过婚，离过婚，再婚依然很幸福。无论被她伤还是她被伤，每个故事的结局都很温和，与每个曾经陪伴自己的男人都一生保持友谊，有儿有女有第三代。今年 74 岁，依然活跃在时尚行业第一线。

觉得作者之所以有这样的经历与感受，在于她在书中写到的大女人爱情观：**爱是一种关系，但最重要的是你与自身的关系。**

作为一个在中国传统文化里长大的女人，说实话我有点羡慕。如果我们身边有这么成功又美丽的姐姐，像那种有魅力的男人一般风流倜傥，即使每一段都是真爱，那也要被骂得体无完肤吧？怎么敢在自己有生之年，这么坦诚真挚地将这些经历写成书分享出来？

书中有很多女性生存金句，比如这句，读到时差点从沙发上跳起来——"我建议，女人 40 岁以后，要开始成为神话。无论做什么，即使是做最棒的巧克力慕斯或者最出色的花艺师，都要成为神话。她得有拿得出手的东西，得与时俱进和活跃。这就是为什么我认为对女人而言，在家庭之外有一个身份是很重要的。"

看到这段话时有点激动，回想自己 40 岁以后，有没有"神话"之举。

40 岁，送自己的生日礼物是回到课堂，备考中欧商学院 EMBA课程。41 岁那年的九月开始上课，从 EMBA 到后 EMBA，读了三年，大部分上课时间是周末。开学时双胞胎女儿 2 岁，毕业时女儿 5 岁。

上学那几年，有过几次气馁、辍学的念头，实在太累了。每周京沪赶飞机上班，每个月要出差，还要常常出国，孩子太小，工作太忙，压力排山倒海，做作业到半夜"举头望明月"时怀疑自己：这么给自己加码对不对？

42岁，出版了第一本书《优雅》，无心插柳，觉得自己的文字远不够一本好书的标准，但小书意外蹿上若干女性畅销书排行榜，成为五十万级畅销书。

写这本书的过程，堪称狼狈，被编辑狂催稿，拖到和出版社的合同过期，如果没有当时执着的出版社编辑姑娘，我大概永远都交不出书稿。所有的稿子都在时间的夹缝里完成，最后两校在飞机上。大包里塞着打印出来的书稿，背上飞机。曾经一不小心把几十页纸撒满机舱，被赶着上机的乘客踩得乱七八糟。一张张捡起，一边心里想哭一边继续改稿。

看着书中自己风花雪月、貌似云淡风轻的文字，想笑也想流泪，好像把所有对美好的体验，都留给了笔下；把那些不美好，悄悄藏在心中，慢慢消化。

世上大女人都有相似之处吧。我相信 Diane 在她人生的各个转口，在被命运摆弄的那些无助的时刻，一定绝望过、悲伤过、不知所措过，可是她的文字里没有绝望、没有悲伤，只有坚定的信念、爱的信念和做自己的信念。女人中年的神话都不浪漫。Diane 中年经历的是癌症、化疗、品牌关门的种种艰难。

命运是一个你弱我强、你强我弱的对手，只要你扛得住，老天早晚会给你一个神话般的结局。

优雅是
精致得体的外表和丰富强大的内心；
优雅是追求完美的心气
和接纳不完美的淡定。

摄影 / 付泉浩

我如果没有啃下来商学院的课程，大概只会有做 *ELLE* 主编的经历，而不会有机会成为 *ELLE* 中国的 CEO。虽然做 CEO 远没有做主编有趣，但确是自己中年职业成长的可贵经历，可以让更多想法变成现实，可以帮助更多的人。

商学院的课程对我这个从小严重偏科的文科生，是脱胎换骨的洗礼。学习过程并不愉悦，功课繁重吃力，而且当时看不到自己长进的端倪。那些学习的益处和思维细细碎碎的变化，是后来一点点在工作中浮现出来的。

写书只是我儿时一个文科生的梦想，从来不敢想有一天会被称为"畅销书作家"。40 岁之后，梦想成真。

2020 年写了第二本书《优雅是种力量》，作为给自己 50 岁的礼物。牢记着自己上一本书的拖沓，第二本书很幸运，赶上我无业闲适，又刚好疫情宅家，拥有大量可支配的时间，从计划出书到新书上市，仅用了三个月。

我人生第一笔稿费，是 7 岁时用一首稚嫩的小诗投稿《北京晚报》，被刊登后收到的 5 元钱。我妈多少年来都小心存着那张发黄的报纸，并以此常常絮叨我："再忙也不要停笔，写字是一件你可以做一辈子的事。"

按照现在的版税，每卖一本书，我能得 5 元左右的稿费，和 7 岁时写一首诗一样。每每念此，只觉不负时光，内心雀跃而满足。

这个过程，像个小小的神话。我想自己一定会写第三本书、第四本书，因为梦想成真的神话感觉太好了。

少年成名，青春成事，固然好。但大部分人，包括我自己，只有锤炼到 40 岁以后，吃过足够多的苦和足够多的亏，见过足够多的世面，经过足够大的风雨，人生才慢慢开出花来。

"神话"，是一个小小的目标实现，一次小小的梦想成真。"神话"的标准，不是和别人比，而是超越自己的成长期待值。

看这本传记，最突出的感受，不仅仅是一个女人要独立，要坚强，成为自己想成为的女人，还有整本书字里行间的爱，love is life——生活不能没有爱。不只是男女之爱，还有对朋友、对孩子、对社会、对生存环境之爱。

有取之不尽的柔情，有强大的爱的能力，同时有清醒的头脑和独立的心性，这也许是中年女人创造神话的源泉。

# 我喜欢自己一直在奔跑

## 1

上海黄浦江上有一块醒目的 LED 灯大牌，叫"震旦大屏"。每到傍晚，那块仿佛顶天立地的牌子便亮了起来，是外滩上不容错过的一抹亮色。

在浦西很多地方，都可以清晰地看到这块大牌。有时是广告，有时是活动预告，更多时候，从上至下写着："我爱上海。"那个"爱"，用了一个大大的红心。

*ELLE* 的上海办公室在 K11 写字楼，记不得有多少个加班的夜晚，晚上 11 点走出大厦，在淮海中路与黄埔路的十字路口，等绿灯过马路的时候，我就抬头看着这块大牌。

每次望着，都莫名有一种安慰。上海的白天，像一位时髦妖娆的女子；入夜此时，像一位循循善诱的老人，好像那块闪亮的大屏在问我："你爱上海吗？"

记得有一天深夜，加班加到焦头烂额，没有一件顺心事，北京家里的孩子还发高烧，我沮丧地走出办公室时，抬头不见月，只有每晚准时亮起的大屏依然在闪耀，上面是那句"我爱上海"。长叹一口气，随手拍下大牌的一瞬间，发了朋友圈："我爱上海，上海爱我吗？"

熟悉的黄浦江大屏，点亮我的微笑。

几分钟后，看到一串留言：

雪，上海爱你！

你是京沪共同塑造的美好女子！

北京大妞加油，上海必须爱你！

……

我站在夜色中的十字路口，看看大屏，看看手机，眼泪哗就下来了。只有家和孩子在千里之外，自己一个人异地奋斗的打工者，才懂得那一刻的沧桑与忧伤。

会动摇，会犹豫，会悄悄问自己：值不值？

每逢那一瞬，我都会想起多年前那次的工作抉择。那年我 36 岁，本命年，在北京 *iLOOK* 杂志做主编，同时在旅游卫视一档叫《七九吧》的时尚周播节目里做主持人。当 *ELLE* 的聘用书到了的时候，身边有一大半人都不支持。

最强烈的反对意见来自我妈。妈妈说："你 36 岁了，不是 26 岁，婚没结，孩子没生，房子刚买好，这就要开始和男朋友两地分居，这得是多大的风险。你想想为一份工作值不值？"

我那时无法回答这个问题，我也不知道"值不值"，上海是我最喜欢的出差城市，洋气、时髦，有好多小店可逛，可是我从来没想过有一天会到北京以外的另一座城市长期工作。

家还是安在北京，双胞胎出生后，刚当母亲的我无法忍受周一到周五见不到孩子的痛，于是，我和先生试着把家搬去上海，但只坚持了七个月，家里还有老人惦记孩子，七个月后又举家搬回北京。

我继续长达十几年的每周京沪行，每个周一早班机飞上海上班，周五再坐飞机回北京看娃。每年到梅雨季，航班误点到离谱的时候，就改坐高铁。

## 2

*ELLE* 被法国总部卖给全球最大的媒体集团美国赫斯特后，美国

国际部第一任老板第一次见我，听了我每周一坐飞机上班、周五回家做娘的故事，笑着说："这公司付你多少钱都值，so crazy（这太疯狂了）！"

第二任老板和第三任老板说过几乎同样的话。

第二任老板是个家庭幸福的曼哈顿精英，他建议我，"试试看视频办公，每个月在北京停半个月"。后来，我给他看了我的日程表，除了上海，我还要飞巴黎、米兰、东京等城市，剩下的时间必须在上海和团队在一起，才能高效工作。他就叹一口气，不说话了。

第三任老板是个有点直男癌的纽约互联网精英，他最好奇的是，"你先生做什么的，他竟然可以忍受太太周一到周五都不在"，以及"ELLE 已经让你这么飞超过十年，肯定有薪水之外的原因，能告诉我那是什么吗？"

直男癌老板说对了一句话——"肯定有薪水之外的原因"。那个原因叫"梦想"，那一年，我就靠这两个字说服妈妈的："我 36 岁了，我从 18 岁就看这本杂志，它影响了我的整个青春，做梦都没有想过有一天我可以掌门这本杂志。命运给了我梦想成真的机会，妈妈您说，值不值？"

## 3

黄浦江这块熟悉的大屏，依然每晚准时点亮，准时向生活和工作在这座城市的人说"我爱上海"，不知道每天有多少人在看它时，会心潮起伏。

2021 年 10 月的一天，距我离开 ELLE、结束双城生活二十个月，我从一个主编转身成为一个自媒体人，也常被称为"优雅代言人"。

这一天只是上海时装周如常的一天，我受邀担任时装周大使，正在为组织首届"微光聚力"女性论坛而忙碌。

认真帮每一位演讲嘉宾改好演讲稿，再细细看过自己的主持串稿，我决定去外滩小跑一会儿。正是黄昏，上海的十月还略有些闷热，出了酒店朝外滩方向小跑，天色渐渐暗下来，有了凉风，吹得人神清气爽。

蓦然一抬头，看见黄浦江上熟悉的大屏，竟然看见了自己的脸！那一刻恍惚如在梦中，想着这不可能，为什么我的照片正在大屏上微笑？

赶紧发微信到时装周的工作群，才知那是组委会为明天活动做的宣传，之前没有通知我，说要"给大使一个惊喜"。

岂止是惊喜，我站在黄浦江边，在暮色里望着那块熟悉的大屏，一瞬想起那些年京沪间奔波的疲惫，一瞬想起那本杂志曾经带给我的荣耀，一瞬想起妈妈当年反复追问"值不值"，一瞬空白，只有江边微凉的晚风在耳边吹。

一瞬十五年。那个十五年前一腔热爱、从北京上任的新主编，好像才刚刚路过这块大屏，十五年就过去了。明天这场女性论坛的主题是"微光和高光"，想到时欣慰地笑了，到底此刻是高光，还是从前是高光？

继续在外滩小跑，渐渐地，要回头才能看见正在大屏上微笑的自己；渐渐地，回头也看不见了。虽然我很喜欢那块大屏，可是更喜欢此刻仿佛超越它的心境，前面也许没有大屏，而我喜欢自己一直在奔跑。

这世上，哪里有"值不值"的答案，无悔就是值得。

（这本书截稿时，我已任三年上海时装周推广大使，正在准备第四届"微光聚力"女性论坛，大屏每季准时亮起我的微笑。）

# 一个50岁女人的可能性

2020 年 9 月，我 50 岁。

再过三十年，当我成为一个絮叨花老太，跟儿孙和年轻人絮叨这一生的种种平庸与传奇时，2020 年发生的故事，一定是不能错过的一章。

我们接受的教育里，是这么描述一个女人的 50 岁：知命之年，人到半百，人老珠黄，要退休了……

一笔一字记下女人五十的感受点滴，这一年生命力正在全新绽放。

## 摘下女主编的小皇冠

2006 年夏天入主 *ELLE*，2019 年底离开 *ELLE*。

2018 年公司年会上，编辑部小伙伴给我戴上了一顶小皇冠，美编组的姑娘当时拍了一张照片。两年后，我把这张照片放在新书《优雅是种力量》中，写下图注：

> "主编"两个字对我来说，
> 像是生命里的一顶小皇冠，
> 拥有时日子闪闪亮，
> 摘下时回忆亮闪闪。

高位转身，冷暖自知。人前身后，无数双眼睛在看：摘下闪亮小皇冠的"前主编"，还会不会发光。

这二十年虽然辛苦奔波，但已成为自己的职场舒适区，得心应手、游刃有余。

一个喜欢跳伞的朋友，给我们一群胆小女人分享跳伞心得时说："即将跳下前两秒，全身都是一种无依无靠、未来不可知的失重感，可是一旦跳入空中，降落伞徐徐张开，即刻感觉天地之广阔、放飞之惬意、自由之可贵。"

她从微博热搜上看到我的离职消息，微信我："恭喜开始人生新一程。失重之后，是广阔的自由天地。"

只有为数不多的朋友，用"恭喜"两个字来安抚我的离职。

**读书、写书与煎鸡蛋、扫地板**

本来想先给自己一个 gap year（间隔年），大脑放空停一年。我制订了一个完美的欧洲美术馆旅行计划，将过去二十年去过的美术馆再走一遍，这一回终于不用匆匆，可以在喜欢的美术馆里，尽情泡足够的时间。

还没来得及深入体会失重与自由，疫情给全世界按下了暂停键。

有班要上的人在家办公，我这个忙碌奔波几十年的人，成了无业游民，每天在家里几间屋游荡。我自己并没有想到，会那么爱这几个月安静的家常生活。

学校停学，每天从早到晚和女儿们守在一起；不用再改 PPT 再回邮件再开电话会议，女儿上网课做作业，我就看书或在公号写写小文章。

我是一个在家务上极其笨拙的女人，在厨房更是一个白痴。

宅家这段日子，我熟练地学会煎出很好看的早餐鸡蛋。煎鸡蛋是一回事，煎好看是另一回事。我还迷上了清洁用品，刷池子的，刷马桶的，擦地板的……

钱锺书先生写过："喝一杯茶觉得美好，洗一件衣服挂在外面也觉得美好，春风拂面也感觉很美好……其实不是这些东西美好，而是因为你心无挂碍。"

三月，疫情肆虐全球，消息繁杂，每天的新闻听得人心烦意乱。开始离开手机，花大量时间看闲书写闲文，看着写着，心就静了。原来人静定了，才容易看得到希望。

公号里 2020 年留言最多的一句是："雪姐，看你的文章会让人心静。"

于是计划再写一本书，在如此纷乱无常的生活里，也许会帮助更多女孩静下来。这就是我第二本书《优雅是种力量》的缘起。

三月一念起，六月新书上。新书上市时，当当某日排行榜，第一名是《优雅是种力量》，第四名是再版的《优雅》。

北京十一月签售会时，一百多人的书店场地，挤了三百人，有很多从外地专门赶来的读者。每个人都严严实实戴着口罩，只看到很多双真诚殷切的眼睛，无比感恩。

现在逢有人称我"畅销书作家"时，我会不自然地脸红。想起做语文老师的妈妈当年的期待，感慨人生好像一个圆圈，以为自己跑出圈很久，出走半生蓦然回首，自己回到圆圈正中，还是那个作

眯着眼睛，
翘着嘴角，
女人五十的喜上眉梢。

摄影 / 葛明

文写得很好的女孩。

50 岁，在家务中感受到乐趣，在写字中感受到满足，这算是人生的进步吧。

### 从天而降的代言，从镜头后转到镜头前

我预想过自己职场的下一程，很可能接受一家公司或媒体平台的聘任，再去做一回 CEO（首席执行官）或主编。

但从没有想过，50 岁这一年，会有品牌来找我做代言。

得到那么多品牌的信任，只有全力奔赴自己的职场新角色。我希望自己拍摄的广告，不仅仅是一张照片、一段视频，还有女性态度的传递。

我这个镜头前的新人，在非常不自信的过程里，渐渐完成了一次次品牌代言和宣传的拍摄工作。从鄂尔多斯（ERDOS）、优衣库（UNIQLO），到娇兰（GUERLAIN）、西门子电器，还有设计师何方（HEFANG）的联名雪花系列……每一次品牌官宣时，朋友圈和社交平台都收到无数鼓励。

女人五十，我成为一个镜头前的新人。虽然每一次拍摄都如履薄冰地紧张，但人生每一次渐入佳境前，都要经历如履薄冰吧。

这是上天给一个 50 岁女人最好的礼物——以一个新人的姿态，从头开始。

### 700 万人在线的直播

时尚行业的同行们说：晓雪去李佳琦直播间，算第一个吃螃蟹的

女主编。那场只有 29 分钟的直播不卖货，和网友分享菲拉格慕的历史和品牌故事，被认为是 2020 年直播界大事件之一。

那天直播时，直播台旁边有一个很大的显示屏，用余光就可看到在线的用户和留言。

我用余光瞥过去时，看到近 700 万人在线。那一秒钟，我愣了一下，这个数字惊到我了。

二十年前，做杂志之初，我曾经和团队每期用几十页的篇幅讲一个品牌故事，描述 logo 背后的历史、创意和人文背景。那时有个执念，奢侈品是外来的，要让读者了解每个品牌 logo 后面的故事，而不是只追着 logo 走，很多稿子都曾经是我自己写的。

直播几天后，遇到在 iLOOK 一起工作过的同事，他大笑着说："雪，你当年那么喜欢做品牌故事，这回有几百万人在线听你讲半小时的品牌故事，满足了吧？这是我们当年做杂志、做网站都无法企及的时间长度和到达人数啊。"

听了他的话，只觉时光倒转。我不再是一个主编，可是依然有机会回到编辑的初心，继续给大家写故事和讲故事。

当你觉得似乎已离开心爱的职业时，命运把你送回到起点，对一个热爱工作的人来说，幸运莫过于此。


### 传递优雅

大家都说"优雅"是我的 IP。

自己是优雅精神的深深受益者，所以乐于用各种各样的方式，将这种向美、向上、向善的力量，传递给更多女孩和女人。

姥姥和妈妈都是老师，我从小有做老师的理想。姥姥和妈妈在课堂教授学生知识，如今我在社交媒体上，用文字和短视频，用一直在写的优雅系列书，传递优雅，也算圆了自己做老师的梦。

50岁时，梦想和现实的距离竟然那么近，多美好。

走过半生，最大的成长，也许就是清晰地知道自己想要怎么活，想要做什么。那些氤氲在心中的各种念想，一样一样浮上心头。

要继续进修自己的专业，探讨时装、珠宝、美妆、生活方式用品，和历史、文学、艺术、电影、音乐等人文领域的神秘链接，讲好品牌故事。

要坚持推广好书和好书店。好书让女人有独立思考能力，好书店让生活的城市更美好。

要为美术馆和画廊的好展览做宣传，艺术是一堂可以让人生发光的课，自己补课很多年，要让更多人一起领略艺术的美好。

这几年迷上中国美学，欢喜徜徉于老祖宗的文化中，想和更多人一起领略东方之美。

要找到一个与女性、与美相关的公益项目，持续做下去。希望在一份份义工中，养成自己的慈悲心。（写这篇文章一年半后，我遇见非常喜欢的公益项目，加入中国妇联妇基会"天才妈妈"公益项目小组。）

将和从前一样，不遗余力地支持中国独立设计师，支持中国本土品牌。希望在有生之年，看到更多我们自己的品牌壮大、崛起，打下未来百年经典品牌的坚实基础。

如果能用自己的经验，帮助年轻人成长，这是一个不再年轻的女人，另一种年轻的体验。

**有能力成就别人，是幸运，是福报。**

### 什么是人生的降落伞？

跳伞姐姐说，张开降落伞那一刻，会感到天地之广阔。那么，什么是人生的降落伞？

**是不吝付出。**

相信天道酬勤，年轻时所有拼搏，都会有"复利"回报。复利未到，只是时间未到。

**是与人为善。**

与人为善不仅是要对身边的人善良友好。世态炎凉亦是人生一堂好课。当遭遇不公、背叛、小人，依然坚持自己的诚信与善良，才是成人的与人为善。人生若没有经历过被冷漠被误解，又如何能真正懂得被宠爱被相知？

是非成败转头空，对君子对小人都一样。而只有做一个君子，青山依旧在，夕阳分外红。

**是世间情义。**

"情义"二字，日子久了，常感觉不到它的存在，就像阳光每日照耀，就像清风时常吹过。

经过这次高位转身，发现身边太多有情有义的朋友。有些很熟，我的亲人、同学和挚友；有些久未联系，却从未走远；有些本是陌路，却如知己，就像我的私人公号留言中，常常出现的温暖的祝福和鼓励……

因为有他们，要坚持做一个好人，以情义，回报情义。

## 向前，不断向前

一个女人 50 岁时，无怨无悔，云淡风轻，接受自己所有衰老的迹象（比如眼睛开始老花啦），接受命运新的安排（做个新人不错呀），顺势而为，跟着感觉走。

我喜欢戴着小皇冠的自己，也喜欢摘下小皇冠的自己。**人生最迷人的地方，在于未来的不可知和不确定性。**

从 50 岁开始，我期待尝试更多前半生没做过的事。一边感受着身体各种细微的老化迹象，一边荡漾着内心越来越强的勇气，心里有一个声音在响亮地喊：

大女生，请勇敢地向前，不断向前。

如果你还没有到 50 岁，希望我的故事，照亮你前面的路。

如果你和我同龄，愿一路同行，三十年后相约做花老太。

愿每个女人，人到中年，有了阅历和皱纹时，终知自己所求与所弃，不再按照别人的标准来定义自己，活成自己想要的样子。

# 不被年龄定义，也不被普通定义

在看奥运的那十几天，每天都有振奋人心的好故事，也时常有新的启发。

八月一日那天，有两个三十而立的故事。

一则是苏炳添，百米半决赛，9 秒 83，这个成绩排在全人类短跑史第 12 位。第一个黄种人跑出这样的神速，苏炳添今年 32 岁。

另一则是巩立姣，铅球决赛，以自己职业生涯最远一投，20 米 58，拿到梦寐多年的奥运金牌。姑娘 1989 年生人，今年也是 32 岁。

作为运动员，尤其是苏炳添和巩立姣的项目，32 岁非常不易，他们的对手，平均年龄不超过 25 岁。

我相信苏炳添和巩立姣 30 岁时，也一定焦虑过。有哪一个运动员到了 30 岁能天生从容呢？停在焦虑感里，就是被焦虑打败了，就成了怨妇；背着焦虑往前跑，焦虑会转化成动力，让人跑更快。

苏炳添不是一个短跑天才，个子太矮，在过了短跑最后的黄金年龄 28 岁后，他的同龄队友都退役了，而他选择了更换教练并全面更新训练方式，用现在时髦的话说：他跳出了自己的舒适区，虽然其中的代价极为艰辛，而且无法预知结果。

巩立姣的铅球项目，也许是奥运会里不那么好看好玩的项目，连我这个对着荧屏看热闹的观众，都觉得不那么有意思，可想而知，铅球训练是多么的枯燥。我看到一篇报道说,"巩立姣每天要扔一吨多的铅球"。一吨多,每天,十几年,依我对铅球运动的无知,实在无法想象。

挑战自己的先天条件,挑战自己的年龄,挑战自己的惯性,这是我看苏炳添和巩立姣的故事,最被打动的部分。

即使不是运动员,每个三十而立的女孩都需要这样的精神。30岁绝不是女孩开始恐慌"青春不再"的年纪,完全来得及在职场里和生活中做全新的尝试。

看两位奥运冠军训练的故事,让我想起了另一位我很尊敬的姐姐。

多年前初到 ELLE,第一次去巴黎总部,认识了一位姐姐,她的职位叫"版权统筹"。全球编辑部每月寄来不同版本的 ELLE 杂志,她做整理、分类、翻译,不懂的语言再找兼职帮忙。然后,把这些内容分门别类上传到全球主编内部分享平台,以方便每个主编选取内容在自己国家的版本里再版。

我刚开始觉得这工作很浪漫,每天看杂志嘛,一天看八到十小时,第二天再接着看。法国姐姐做这份工作已经十五年,她开玩笑说,心情不好的时候,翻开杂志就头疼眼睛酸。她也说过挺羡慕编辑,每期做不同创意,去不同地方拍片和参加品牌活动,她窝在方圆几平米的杂志堆里,日复一日,做同一件事情。

姐姐是 ELLE 总部的活电脑。我每次去巴黎办公室,都喜欢和她吃饭聊天,她总是给很多建议:美国版十年前有个封面创意特别好;意大利版时装大片每一期都值得看;澳大利亚新刊有个配饰栏目很好；很多国家都开始做环保刊；西班牙有个新娘别册不错……

此后经年，越来越感受到她"普通、重复、枯燥"的工作价值。

她有一次喝着咖啡，满足地说："坚持做一件事挺好的，把一件熟悉的事做得越来越有效率，有长进，能帮到别人，很有成就感。"然后她问："你知道我的工作比你这个大主编强在哪里？"我大笑："比我的工作有规律呗，可以准点回家，还不用出差。"她也大笑："不止呦，你上次说对着电脑四个小时都想不出下期主题，我这天天都是一桌子灵感。我比你幸福。"

我从法国姐姐身上学到：**坚持做好一件事情就是成功，在普通的工作中也能找到成就感。**

法国姐姐没有夺取金牌那般成就一番大业的雄心，在偌大的巴黎办公室，她普通得就像地上摞成小山的杂志堆中的一本旧杂志。当我看到采访巩立姣，聊到她的日常训练时，那种重复和枯燥，有时还有孤独，不知为什么就想到从前这位巴黎同事。

一个是四次赴奥运最终拿到金牌的运动员，一个是普通的办公室职员，在某种精神维度上，她们有共同的执着。

每当看我们中国运动员拿金牌，国歌响起那一刻，都热泪盈眶。人生这条长跑道，也像赛场，能拿到金牌的人，凤毛麟角。可是，在漫长的人生中，实在需要常常热泪盈眶，虽然很可能并没有进入决赛，更没有金牌。

奥运的意义，除了比赛以外，是让我们有机会看见那些优秀的运动员和教练员，看见他们身上的精神气。这两位 32 岁的年轻人给的启示是：

**不被年龄定义**。30 岁，40 岁，50 岁，都是新的开始。当你有一个愿景时，当你想实现一个目标时，哪怕只是一件小小的事，需要掂量的是努力的程度和方法，而不是年龄。无惧年龄，会有效延展一个人的生命力。

**不被普通定义**。不是所有努力都有预期的结果，就像不是每一个努力的运动员都能拿到金牌。在赛场上，只要拼尽全力，就会赢得掌声，人生如是。我们向着金牌的方向拼搏，也许最后赢得的只是一片掌声，这足够了，人生最重要的不是金牌的结果，而是无悔的过程。

**人要有信念**。信念是我们在坚持不下去时的那股力量、那个主心骨。别人都退役了，你要接着练；别人都不信，你信。

奥运会的发起者顾拜旦曾说："奥运会最重要的不是赢，而是参与。"郎平教练曾经这样解读女排精神："女排精神不是赢得冠军，而是有时明知不会赢，也竭尽全力。"——这样的精神，同样适用于人生，适用于不是运动员的我们。

# 更年期姐姐的52岁

2022 年 9 月 17 日，我 52 岁生日。"52"这个数字常常被大家说成"我爱"。

十年、二十年、三十年前，真的想不到，当自己 52 岁，当人生从春天到秋天，当从青春期走到更年期，我会由衷地说出这一串"我爱"。

**我爱这个年龄。**

自然界的秋天最美，人生的秋天也最美。

当一年多前知道自己进入更年期时，曾经暗暗伤感：我那么爱美、爱生活，那么努力，那么与人为善，为什么也会老？

就像看着进入青春期的女儿，心里默念：双胞胎小时候那么乖、那么可爱、那么小鸟依人，为什么要长大？

晨钟暮鼓，日月轮回，花开花落，四季循环，生生不息。

女人的更年期，只是一生中又一次花开花落，也是又一次生生不息。

**我爱自己正在做的事情。**

在传统媒体工作二十年，出过两本畅销书，曾经以为自己一辈子只会写字，不会自如地拍摄已红遍天下的社交媒体上的短视频。

过去几个月，我录了 120 条短视频，其间的尴尬、紧张和不知所措，对已经在职场从容不迫、游刃有余多年的我来说，是非常陌生的感觉。有很多不自信、很多懵懂、很多到今天还没搞明白的数据谜题。

曾经因为第二天要录短视频，头天晚上整夜失眠；曾经为一条文案改过十遍；曾经以为可以倒背自己写的文案，可对着镜头时，忽然一个字也说不出来；曾经被网友数落咬字不清、表情太僵硬；曾经觉得自己写得很棒的稿子拍出来却没有多少点击量……

可我爱这个过程，很爱。

那些不自信，证明自己依然在学习；那些从紧张到自如，证明自己依然在成长；那些不及格不熟练，证明自己还年轻，还有提升的空间。

不放弃学习，永远在成长，越来越优雅，才是年龄对女人真正的意义。

**我爱自己现在的样子。**

这个九月，我成为一本杂志的封面。

在监视器里看着这张 52 岁的面庞——看着自己的法令纹正在越来越深，看着自己的鬓角三个月不染就白发一片，看着眉宇间有岁月沉淀的成熟，看着眼神里有荣辱不惊的天真。

看着自己坚持几十年的微笑，看着自己有时热泪盈眶，有时紧蹙双眉，有时像孩子一样调皮，有时也有中年人的沧桑，看着自己一年又一年，与岁月相安。

**我爱我的家人和朋友。**

走过半生，月色如水。暗自庆幸，身边有那么好的家人与那么好的朋友，懂得名利都是浮云，人生最贵重的是亲情和友情。

镜头前后的转身路上，
我发现一个未知的自己。
接受新的挑战，
才有全新的自己。

摄影／秦颖

那座可以衡量情谊分量的天平，叫作时间。

在那些年那些事的岁月浸染里，在人生的高峰与低谷间，在是非难测与人情冷暖里，在利益与情谊的取舍纠结中，慢慢氤氲而出——他，她，他们，她们，一生的朋友，一生的情谊，一生的挚爱。

要为他们好好活着，要为他们继续努力。因为他们的存在，黑暗不再是黑暗，心里永远有光。

**我爱此刻正在看这段文字的你。**

开始做短视频后，每天花很多时间看大家的留言：

你说记得十几年前我主持的时尚电视节目。

你说跟着《优雅》敷面膜穿小黑裙戴长项链。

你说难忘 *ELLE* 杂志某一期封面。

你说曾经在参加"优雅下午茶"活动，和我面对面。

你说看了我的照片，去买那件同款。

你说看了我的文章，不再惧怕衰老。

你说在每一年这一天，在留言区写下"生日快乐"……

谢谢你，因为有你同行，岁月如此温暖和难忘。

希望在看这篇文章的你，也爱上自己的年龄。请相信我们在任何年龄，都可以做到——**柔软，坚定，优雅，一直成长，保持美好。**

（这篇文章是我 52 岁的生日纪念文字。）

爱情、亲情、友情，
情谊是生命里的光。
命运常有辜负，
唯真情永在。

摄影 / 付泉浩

PART 2

生命里的星光

## 小雪闲话

每逢"小雪"节气，就想到妈妈的絮叨：你出生后的第一个冬天，第一场雪，你在襁褓里兴奋得手舞足蹈，也不知为什么那么高兴……上幼儿园，老师曾经给小朋友出题：画出你最喜欢的花的样子。有人画黄色向日葵，有人画粉色桃花，有人画红色玫瑰，你画了一朵蓝色雪花……

老师问：雪花明明是白色，你为什么画成蓝色呢？小朋友的我回答：因为天空是蓝色的，雪是从天上来的天使。

童言总是可爱和可贵。

几年前的寒假，带女儿去京都，在老街里走着走着，天上就飘起了雪花。小女儿用小手去接住空中的雪花，一路高高举着小手。雪花越密，天气越凉，我心疼地催女儿快把手插兜里，太冷了。女儿说："手插兜里，小雪花就化了，我可舍不得……"这是那个冬天，我听到的关于雪花最动人的一句话。

上周在北京钟书阁签售《优雅是种力量》，主持人说有个惊喜，从人群里请上来一位戴着口罩、捧着鲜花的女孩，她的话瞬间让我泪目。

"雪姐，你可能不记得我了。我是谢老师的学生，我小时候常去你家补课。那时我有点多动症，不能安静坐下来做作业。谢老师就

儿时每一次见雪，
都像落入一场童话。
成人后再与雪花相遇，
像好梦重现。

摄影 / 吴明

说：你一定可以，我大女儿就可以，她能抱着书读一天。跟了谢老师几年，常'霸占'你家的周末，我终于也成为可以安静读书的孩子。大学毕业后我创业，遇到很多困难。回去看谢老师时，她总是鼓励我：你一定可以，我大女儿就可以，她做什么事都可以做得很优秀。后来经过努力，我的事业有了起色。"

"我今天来，就是想谢谢你，你妈妈一直用你的故事鼓励我。你现在用你的书激励更多的女孩，我想在天堂的谢老师一定高兴的。"

我用了很大力气控制自己，才忍住不在几百人的场子里哽咽流泪。

女孩戴着口罩，我并没有认出她是妈妈带回家补课的哪一个女孩。那时，家里几平米的小客厅里，常常被妈妈带回家的男孩女孩坐满。我做功课，要到妈妈卧室的缝纫机边，妈妈把机器折进去，铺上一块布，做一个临时小书桌。

妈妈没有当面夸过我"优秀"，我总觉得自己的成绩，并不能让做老师的妈妈满意。

长大后，我成为院子里阿姨们口中的"优秀孩子"，可是代价是再也没时间陪妈妈。

就像作家笔下的那个渐行渐远的"背影"：孩子们总是向前跑着，永远都不回头，妈妈关爱与担忧并行的目光，始终在身后。不回头，也可以感受得到。

直到有一天，妈妈走了，才蓦然觉得，身后的目光，那一种无言的支撑，没了。

我一次次回头，再也看不见她。

妈妈依然在继续鼓励我，用我完全无从预知的方式。就像新书签售会上，这个抱着鲜花突然出现的多年前妈妈的学生。

我非常笃定地相信，妈妈在天堂，看得到这个画面。

少女时代，和妈妈在家里窗前，在院子里的雪地，数次聊起"雪花"。

做语文老师的妈妈曾问："你这么喜欢雪，在'雪'前面加几个形容词吧。"我当时的答案是：纯洁、干净、浪漫、精致……妈妈咪咪笑着说："这些也是女孩身上很好的特质，就努力做这样的人吧。"

十五年前，我也做了妈妈。送女儿上学时，女儿从不回头，最多摆摆手，兴高采烈地奔向自己的生活。

我站在那里，有小小的欣慰，也有小小的感伤。女儿们长大了，盼她们早日独立，可是独立，就意味孩子们将展翅高飞，可能飞到妈妈根本看不见的地方。

女儿们也喜欢雪花。雪花只有飘在天上时，才是盛开的样子，落地后要么化成水，要么聚成一片白。就好像人间没有永远的相守，母女之间最美的传承就是：长大之后，我就成为另一个你。

哪怕阴阳两隔，每个妈妈对女儿的爱，都像落入泥土中的雪花，即使看不见，依然是女儿成长的底气。

## 女儿教我的那些事

双胞胎女儿要开学了，猫妈有些许莫名失落。

2020年，对我们娘仨来说，是很特别的一年。疫情让孩子们从寒假宅到了暑假，又刚好赶上从前周周飞的我，终于落脚回家。

从她们出生起，我这是第一次有这么长的时间，每天从早到晚和小妞腻在一起。猫妈家务一团糟，厨房里是个笨笨，也不能帮辅导作业，也不会教小妞游戏，无能的妈妈常招小妞"嫌弃"。

和女儿守在一起的有趣与依恋，远远超过我预期。

做父母的总喜欢说如何为了孩子而奉献，我不大同意这样的说法。**大人和孩子之间，是一种平等的成长关系。大人养育孩子长大，也是成就自己为人父为人母的过程。**

回忆那些和女儿在一起的画面——

那年夏天在三亚。

一直都不懂，为什么娃娃喜欢在海边堆沙子，对大人来说，几个小时坐在沙滩上，反复将散落的沙堆砌成一堆，然后再打散、再堆，是一件有点无聊的事。

陪女儿在海边晃了一个下午，直到黄昏，发现沙子里原来有很多秘密，有不同的颜色颗粒，有方方圆圆、老老少少的斑驳石头。

细细地聆听海浪打过来又退下去，竟然是从未留意过的动听的声音。

那年冬天在台湾花莲。

我们住在一家路边民宿，地方略偏，人少，车也很少。

睡前无事，一家人坐在马路边看来往的汽车，猜下一辆车是小轿车、卡车或大公共汽车。

这游戏对我来说很久违。多年前的京城，我在女儿一样的年纪时，也曾和小伙伴坐在路边，数汽车，猜汽车。那时不知道什么是堵车，能看到几辆好看的车就很兴奋。

夜色里女儿咯咯地笑，为猜对了下一辆车的样子。

那一刻悄悄地想：在我生活的城市里，这些年多了很多车，但又似乎少了什么，孩子般的咯咯笑竟然这么久远。

那个寒假在日本京都。

小妞喜欢小动物，从不错过大小动物园。

京都动物园，在每一个动物馆的门口，挂着一块小牌子，上面写着这只动物的简单介绍：哪年哪月出生，哪里出生，爸爸妈妈是谁……因为有汉字，可以猜出大概的意思。

女儿迷上了这些牌子，非常仔细地看每一个动物的小简历，满动物园疯跑，找到了和妈妈同一年出生的动物，和爸爸同一年出生的动物，和她们自己同年的各种小动物，手舞足蹈地像找到了岁月的密码。

想跟女儿说：

未来的人生，会有很多这样的机缘，就像你在异乡的小动物园，遇到一只和自己同年同月出生的长颈鹿那么巧合、那么美好、那么不可预知。那个感觉叫作"缘分",将是人生最奇妙的感受。

后来并没有对女儿说出"缘分"二字,人生不是用来教导的,让孩子们自己慢慢体验吧。

小女儿曾经的作文作业是这样的开头:"我在月球上玩,碰到了月球大爆炸,炸弹没有把我炸回北京,而是炸到了英国……我在英国碰到了强盗,抢走了我的行李和我的钱包……"

写到这里,女儿扬起小脸认真地问我:"妈妈,你要是遇到强盗,什么都没了,你会怎么办?"

几行字歪七扭八,我看得乐出了声,惊讶于小妞的想象力:生活里完全没有月球、炸弹和强盗,她也没去过英国。猫妈很好奇接下来故事要怎么编下去。

女儿最近一年迷上了《哈利·波特》,常常惦记着有一天能去魔法学校;迷上了《名侦探柯南》,总是会问出一些不可思议的问题;还开始看《福尔摩斯》……我真的不知她们小小的脑袋里,有多少疯狂的想象力。

女儿还是乐高的狂热粉丝。疫情这大半年,她们的小屋已经变成了乐高世界。把旧乐高拆散成一大箱子的乐高积木,一小时就可以搭出一个自己的世界:三层楼的艾莎和安娜的家;学校的教室、宿舍和花园、操场;森林动物园的卧室、客厅以及欢乐聚会的下午茶场地……搭完乐高,过家家,讲故事;然后,全部拆掉,第二天再起一个新故事。

在陪她们搭乐高的过程中,我深深惭愧于自己对那些小积木的笨拙想象力和执行力,完全做不到用一堆大大小小、形状各异、五颜六色的积木搭出一个完整的场景。而女儿们既像是建筑师，又像是故事专家，层出不穷，花样百出。好像全世界，都在她们的小手里。

孩子的想象力，在很多时候启发了我思考问题的新角度。

人成熟，是成长的标志，也是成长的代价，世故心让大人们失去想象力。

孩子身上有一种魔力，帮大人悄悄拉回自己几乎失忆的童年。

大人常说：我们陪伴孩子长大。其实，孩子同样陪伴我们继续成长。

借孩子的眼睛和孩子的心，大人才有了机会重温那些最初的、最真的、对这个世界的美好感受，找回那些因岁月蹉跎而彻底丢失的天真无邪和天马行空。

双胞胎极其不爱拍照，一见镜头就躲。所以一起宅家大半年，也找不出一张像样的合影。

有时想和女儿说：妈妈能和你们朝夕相守的日子，是多么有限，当有一天你们飞得很高很远，妈妈也许只能靠照片来思念……

想想作罢。自己做女儿的时候，不也是天天盼着长大高飞，不也是天天嫌弃妈妈好啰唆。就随孩子们吧，陪她们长大，已经是上天给的最好的礼物之一。

## 做一个不焦虑的妈妈

身边几乎所有妈妈，对我这种不鸡娃的猫妈的最高评价，就两个字：心大。

"你为什么不焦虑呢？焦虑就是当代妈妈们的主旋律啊。"

群里几位妈妈推荐猫妈看《小舍得》，在跑步机上看了前6集，果断直接跳到40集。剧中两位妈妈为孩子功课焦虑到变形，演员们演得很好，弃剧是因为决定不给自己跟着焦虑的机会。

不焦虑，不仅是给孩子一个轻松的成长环境，更是给妈妈自己尽量愉悦的做娘过程。

生活不如意十之八九，在孩子成长这件事上，同样适用。十个妈妈自己觉得是"为了你好"的想法，可能只有一个孩子真的愿意接受。

作为一个十五年前在妇产科第一次看到一对女儿喜极而泣的妈妈，一个常常因为忙碌顾不上悉心照顾她们的职场妈妈，一个放养女儿、自称"不做虎妈做猫妈"的妈妈，我不觉得自己有啥过硬的教育心得可以分享大家，但很愿意分享妈妈们一些不焦虑的心得。

**1. 我是我，孩子是孩子。**

虽然说有神秘的遗传基因在传递父母与子女间的各种生命之缘，但孩子是独立的另一个人。我们只是照顾和陪伴他们长大，不会"拥有"他们；我们只能建议他们的人生选择，并无权利干涉他们的人生。

与孩子一起长大的过程，
也是妈妈全新的成长。
女儿们的笑容，
是岁月最美的印迹。

摄影／闻晓阳

不能以爱的名义，绑架孩子的成长。

**2. 我没有做到的事，也不要求孩子做到。**

我上学时算是个用功的孩子，可是无缘名校，有时也觉得遗憾，但人生不就是各种遗憾累积的岁月吗？命运让我拥有一些其他幸运，比如遇见爱情，比如有机会做自己喜欢的事。

把人生拉长来看，老天很公平。

每一件幸运背后，都妥妥地给你安排好相同分量的遗憾；每一件遗憾背后，只要你有勇气从遗憾的废墟上爬起来，老天同样给你准备好相同分量的幸运。

扪心自问：你是否还记得自己当年中小学每一次考试多少分？那些分数影响你后来几十年的职场生涯与人生幸福吗？现在的幸运与遗憾和自己上哪所大学有超过 50% 的关联度吗？

我的答案是否定的。

我们的孩子，没有义务去弥补我们的人生遗憾。

大人的遗憾，要不断努力创造幸运来弥补；孩子们，会有属于他们自己的遗憾与幸运，亲妈也无从预知。

**3. 我是孩子最好的榜样，想让孩子成为什么样的人，我先努力成为那样的人。**

想想看，你希望自己的娃娃成为什么样的人呢？

善良的，有爱的，体面的，有勇气，有担当，有出息，有意志力，有影响力……

好吧，我们努力先成为那样的人。

**4. 我先照顾好我自己，才有能力给孩子更多爱。**

家人之间，比起"牺牲"这个词，我更喜欢"成就"。

爱人之间，互相成就；父母与孩子，相伴成长。

不要因为帮助孩子成长，而放弃了自己的成长。自己停滞不前，那是放弃了未来你和孩子沟通的底气。

**5. 我是一个不完美的妈妈，就这样。**

小妞小时候，基本靠阿姨，我笨手笨脚得连尿布都换不利索。

小妞上小学，我家长会没去过几次，妈妈永远在出差。

从小到大，拉着箱子出门那一刻，小妞只在两三岁的时候流过一次眼泪，之后都是潇洒地挥挥手：妈妈再见。

小妞儿4岁那年有一天，我穿着小黑裙拎着包正准备出门上班，她们颠颠跑过来送妈妈，在鞋柜里帮我找到要穿的高跟鞋，仰头看着我，端着小手认真地问："妈妈，我什么时候可以穿小黑裙？"那个瞬间心里热乎乎地欢喜，我不是一个完美妈妈，但似乎开始是小妞们的偶像了。

以上五点，用的都是"我"开头，而不是孩子。

妈妈们，**请把自己当回事，重视起自己，多审视和提升自己，而不仅仅聚焦于审视和提升孩子**，焦虑就会慢慢被放下。

愿我们都成为不焦虑的娘。

# 猫妈的家长会

双棒小妞整个小学期间，猫妈都没怎么在学校露过面，每一次学校家长会或者开放日，妈妈都在千里之外出差上班。

2020年9月小妞升级为中学生，因为疫情，学校直到12月才开第一次家长会。

猫妈很兴奋，6点半起床，8点半坐进小妞的教室。看着孩子们表演、演讲，在教学楼里爬上爬下地参观，只觉天啊，我的一对娃娃何时已成了大姑娘。

听了中学部老师们的观点，有几点特别好，分享给妈妈们。

**1. 父母给孩子最好的礼物是照顾好自己。**

父母是不是由衷地快乐和幸福，孩子可以清晰地感受到。装出来的快乐，并不能让孩子跟着快乐。

想举双手双脚赞成。妈妈要先照顾好自己，才有力气去更好地照顾孩子。

老师说："最好的教育，就是榜样的力量。"大人对生活的积极乐观、充满信心，或者抱怨连天、唉声叹气，都会深深地影响孩子。

如果父母全部生活以孩子为中心，四五十岁的中年生活就会缺乏追求，黯淡无光，孩子也不会对自己的未来满怀憧憬。

**2. 有效的亲子时间，会激发孩子的内驱力。**

"有效"，是指和孩子一起玩，一起聊天，一起发现生活的有趣和美好。

双胞胎迷上《哈利·波特》，看完电影又看书。最近和她们一起看，觉得自己也想去霍格沃兹的魔法学校了。

双胞胎小时候有几年迷上手机和 iPad，不爱看纸质书。后来我把自己的读书时间，集中在每个周末早饭后，在小妞眼皮底下看书。坚持半年后，小妞从偶尔学妈妈早饭后也抱着一本书，到后来渐渐变成了生活习惯。

家里最美的风景之一，是周末早饭后，娘仁一人抱着一本书，在客厅沙发各盘一角，各读各的书。客厅里安静得只有翻页的声音。

**3. 不要只追求让孩子快乐，也不要只关注孩子成绩。**

只追求让孩子有一个快乐的童年，可能让孩子太懒惰，失去上进心。适度的压力，在孩子的成长过程中是必要的。

只关注孩子成绩，因为一次戒绩和孩子上蹿下跳，成绩就会锁住了孩子和父母的感情。孩子的考试成绩很重要，但不是唯一重要的，也不是成长过程中最重要的。

小妞有一年的期中成绩不大好，猫妈也跟着着急了几天。当发现小妞自己已意识到成绩不够好还需再努力时，猫妈心里就踏实了。

孩子总会长大，以父母无法预知的速度，很快他们就要自己去面对这个世界。父母除了以身作则，能够做到的，就是和孩子一起建立正向的三观，让他们有自己的能量、自己的翅膀。所谓"独立"，就是自己早日可以担当一切吧。

我如此一个七不管八不顾的稀里糊涂的娘，一天和小妞聊天，小妞反问："妈妈，知道我最想要什么？"

"乐高呗！"猫妈自信地回答。

结果女儿说："我最想要'自由'。"

猫妈当时刚刚喝进去的一口茶，差点喷出来。从来没上过课外补习班，自己的时间全部自己安排的小妞，竟然最想要的是"自由"！

听女儿喊出"自由"的那天晚上，我收拾书房，偶然翻到自己少女时期的日记本，字里行间，看见一个多愁善感、对人生充满问号、不想乖巧只想叛逆的少女……其实，每个成人若愿意花一点时间，想想自己十几岁的样子，就很容易理解我们的孩子们。

## 我的闷爸爸

父亲节，一早朋友圈开始了关于爸爸的文案大赛。

看到这一句时，笑了：

> 父亲的缺点像星星一样多，
> 父亲的优点像太阳一样少。
> 但太阳一出来，
> 星星全都消失了。

我爸是一个特别闷的人，家里的话，都让爱絮叨的妈妈说了。

爸爸是个手巧的男人，家里上下，没有哪一件家务事可以难倒他，从修橱柜、通下水道，到做木柜、修理所有小电器，爸爸就像一个全能修理工。爸爸还是一个毛笔字写得非常好的人，小时候大院里有那种长五米、高三米的路边宣传板，每一个字都是爸爸踩着阶梯写上去的。我每每路过，都很自豪。

我小时候，班里同学有很"厉害"的爸爸，关系四通八达，可以帮女儿搞定一切，而我的闷爸爸除了做一手好饭，会修理各种家具，几乎搞不定外面那些事。中学时代，我常在外面参加各种活动，做老师的妈妈很忙，都是爸爸陪我坐公车满城跑。

那些年，当我和风华正茂、血气方刚的少年们，不知天高地厚地讨论江山时，爸就站在三米之外，一言不发。

当时我的一个同学说："你爸，简直就是你的一座佛塔啊，不说话，罩着你。"

7 岁以前，妈妈在北京远郊区大山里的学校教书。上职工幼儿园前，爸爸每天背着我上车间。

我其实对这一段幼儿生活几乎没有记忆。长大独立以后，回大院娘家看父母，遇见院里住几十年的叔叔阿姨们，常常说："老李家闺女这么亭亭玉立啦，你小时候，你爸天天背着你上班，一口一口喂你吃饭，还给你唱歌。"

我简直不能相信，闷得木讷的老爸，竟然还会唱歌。

我生双胞胎那年，爸妈守在产房。看见小妞儿，爸那天说了二十遍："和你小时候一样一样的……"

爸爸不是成功人士，不是精英，无权无势无关系，只是大院里尘埃一般的小人物。除了写得一手好字，我想不出爸爸还有什么特别的才华。

在我的事业发展中，爸爸帮不上任何忙，也从来没问过我：挣多少钱，买房还是租房，什么公司什么职位……

爸爸只关心我"渴了"还是"饿了"，在我长大以后，多了一句："身体好吗？有病要去看。"

真的，爸爸就是我生命里的佛塔。

## 愿天堂桃花满山——给妈妈的信

　　最近总是做同一个梦。梦回很多年前，小时候大院的桃花，手里的唐诗宋词，我的马尾辫，你的短发，那些散落在家里各个角落的桃花瓣。

　　那是我十四五岁的时候吧，每天早上，我都夹着一本唐诗或宋词，到院子里晃半小时。院子里有几株桃花树，这个季节，抬头就是粉红莹莹一片。

　　每天我出门前，你在厨房手里忙着不忘喊一句："别折树上的桃花，看看就好。"我有时从地上捡几朵落了的桃花带回家，一朵给你，一朵自己夹书里。你那时三十八九岁，已剪了短发，额头总有一缕头发半遮着眼睛，你常用手背撩一下头发，然后笑盈盈地说："给妈放桌上，我找个好地方存着。"有时地上没有完整的桃花瓣，我就捡几片喜欢的树叶回家，你还是笑盈盈地说："叶子也好，是天然的书签。"

　　我想努力忆起，那些年清清脆脆的清晨，到底读过哪些唐诗宋词，一直都记不起。记忆里只有满院桃花香，深红笑浅红，你常说的几句话，还有你盈盈的笑。

　　怀春的年纪，我沉溺于宋词。你从来没有要求我：拿一本功课去晨读。院子里其他家孩子的晨读，大部分是背英语单词和语文、历史。人家妈妈跟你提及："你家大女儿早上读些无用的书。"你盈盈笑地回："唐诗宋词，都是老祖宗留下的语言精华，考试不受益，终身受益。"

我有一次手里捧着一把桃花瓣，靠在咱们家小厨房门框上，看着裹着围裙、在做早餐又在装午饭餐盒的你："妈，人说话不用古文，写作文也不用古文，背这些诗词有啥用？"

你头也不抬地回问我："那你怎么不抱着英文词典去晨读？"

我撒娇了："枯燥啊，宋词多美，让人浮想联翩。"

你抬起头温柔地说："读宋词啊，让女人浪漫。"

我三十八九岁时，也剪了短发。希望有一丝丝妈妈当年的样子。

妈妈，后来很多年，那些小时候读过的唐诗宋词好像都忘了。现实一点都不浪漫，哪里有"大珠小珠落玉盘"，明明是雨疏风骤，奈何人去，寂寞沙洲冷。

只有在惦念的时候、思乡的时候、伤感的时候，以及眷恋的时候，那些沉睡在心底的句子，断断续续浮上心头。如晨雾般淡美，如桃花般烂漫。

妈妈，这是你说过的"终身受益"吗？少女时代受古诗词的浸染，会助我一生做一个浪漫的女人吗？生活是如此一地鸡毛的措手不及，我有时也惶恐，要怎么坚持浪漫。

这个清明前，是一段无常的日子。有很多坏消息。

花店不开了，可是花继续开。日子不浪漫了，可是你说过要坚持浪漫。

我重读唐诗宋词，每逢好句，眼前浮现少女时代的那些清晨、那几株桃花树，还有贤淑的短发的你、多愁的长发的自己。

我保留着在书里夹树叶或花瓣的习惯。心动的瞬间虽然一晃而过，但庸常人生，需要那些瞬间点亮。每当翻出旧时的银杏叶和桃花瓣，只觉似水流年，春庭月午，芳心犹在。

妈妈，你梦里侃侃而谈，我小心翼翼醒来，还是疏漏了好多叮嘱。为什么在我儿时你说过的那么多话，多年后我都不再记得，而当你走远，离开归尘，在思念的每个片刻，字字句句，回到耳边。

冬天送您上山，转年清明去看您时，才知山上有桃花一片。小小的欣慰，您一定会喜欢被桃花环绕，从前盈盈笑的瞬间，永驻于花香与山间。

妈妈，我一直坚信我们会再相逢，这算不算是浪漫的念想？桃花树下，听风听雨，听得见家里那本泛黄的旧诗词翻页的声音，听得见母女间细碎的低语。花瓣轻轻洒洒地飘落，一寸相思一寸灰。

"人间四月芳菲尽，山寺桃花始盛开。"

妈妈，愿天堂亦桃花盛开。


补记：妈妈几年前被癌症所困，移居天堂。每年清明，写一点文字，有时是一首诗，有时是一封信。为了纪念妈妈，也为安抚自己的思念。愿天下妈妈平安顺遂，愿天下女儿，得妈妈美好传承。

## 女孩和女人都需要的答案

年轻时，我关于优雅的样子和概念，除了少女时代读过几本有限的书之外，几乎全部来自姥姥。

姥姥对我说过很多话，过去这么多年，依然真真地记着。

二十几岁，大概就是一个慌里慌张的年纪。每次跑去看姥姥，见到她，我就滔滔不绝蹦豆子一般，一口气说完好几件事，姥姥耐心听完总会慢吞吞地说："说话可以慢半拍吗？慢半拍就等于是过脑子。"

失恋时，去找老太太一把鼻涕一把泪，姥姥从不安慰我："女孩子没失恋过，怎么能长大？失恋是人生很好一课呢。"

热恋时，去找老太太秀恩爱，姥姥也不鼓励我立刻嫁人，总是说："你这么优秀，爱上你的男孩子有福，你如果更优秀，他福气会更大。"

问姥姥受了委屈怎么办，她说："没有人不受委屈地长大。委屈这事，一大半都是自己心疼自己。把自己放平，委屈就没了。"

每次赶着出门前，我甩着马尾辫，碎头发东一绺西一绺地乱搭在前额和两鬓，姥姥总是从兜里摸出九十年代一分钱一个的小黑卡子，一绺一绺帮我把头发别清爽，然后说："**女孩子头发不乱，心就不乱。**"

过了 30 岁，我还在单身。问姥姥："是不是所有女人都恨嫁？"

女孩子头发不乱，
心就不乱。
心不乱，
每一天都整齐。

摄影 / 秦颖

姥姥说:"不是,女人若有自己的主心骨,嫁不嫁都可以过得好。"

我忙得每天只睡五六个小时,问姥姥:"女孩这么强不好吧?"姥姥说:"哪里不好?自己强了,生活才会给你多开几扇窗。"

有一天,和穿着吊带超短裙的性感女友去见姥姥,问姥姥:"怎么办,我就没人家姑娘那么性感。"姥姥说:"女人的性感,有很多层次,最浅的层次是肉感;你这么聪明,可以修炼更深层次的性感。"

"什么是'更深层次的性感'啊?"姥姥说:"一个女人安静地端坐,是性感;一个女人有艺术修养,举止言谈有自己的节奏,是性感。"

我快 40 岁时,姥姥因为腿部疾病,已经只能卧床。我嫁人做娘,四海出差,天上地下,生活常常是一团麻。很少有时间像年轻时那样,陪老太太长聊。

去见她的时候,带几块五星级酒店的奶油蛋糕或一瓶法国香水,再或一件颜色亮丽的羊绒衫,为了讨老人欢心。

依然喜欢问姥姥问题,她的答案总是简单通透。

"姥姥,这世上有没有不变的情谊?"

"你可以让自己不变。别人变不变,是别人的事。"

"那别人变了我不变,不是好吃亏?"

"你如果计较了,心里就会过不去;你妈妈从小就认吃亏是福,她不计较,老天会给这样的人更大福报。"

"福报是什么?名声?财富?幸福?"

"是心安,是每天睡觉很踏实。是好运,是遇到更多贵人的机缘。"

"姥姥,生活压力好大,我头发不乱了,可是心还是很乱。"

"因为你把日子过乱了,想明白自己最想要什么,不要患得患失。

老天不会在同一个时间段，给同一个人所有好处。有所得，必有所失。"

"姥姥，您有没有焦虑过年龄和美貌？"（姥姥年轻时是大美人，颜值比我高百倍）

"当然焦虑过啊，焦虑不是错。所以更要每天尽心尽力打扮自己，不辜负当下此时。生活中有很多遗憾，只有美这事，可以让自己没有遗憾。**女人啊，什么年龄什么环境下，都要拾掇好自己**。你姥姥'文革'时被造反派安排在胡同里扫了好几年厕所呢，可是那个扫厕所的清洁工，依然是全胡同穿得最整齐干净的女人。"

"岁月这个对手，你弱它就强，它就恶狠狠地说我是一把杀猪刀；你强它就弱，它就笑眯眯地变成了一把雕刻刀。把一个不再年轻的女人，雕刻得有棱有角，有自己的气质和气场。年轻很好，可是年轻只是生命中很短的一段时间，要去培养和修炼生命中更长时间里的那些好东西，那些年轻时无法拥有的精神财富。"

七年前，姥姥移居天堂。我遇到生活中一些不如意时，常常会想，如果她老人家还在身边，会如何帮我点拨一二。

逢满天星星的深夜，我总是觉得，优雅的姥姥，一定端坐在最亮的那颗星上。她对我说过的话，始终都像生命中的星星，无惧黑暗，闪闪发光。

## 沈阿姨和吴妈的故事

2006 年 7 月，在上海的潮热盛夏，我从北京到上海赴任 *ELLE* 中国版的第四任主编。已在上海定居五年的女朋友，给我推荐了一位阿姨，是他们家阿姨的亲妹妹，姓沈。

女友说她们家阿姨是全家的神灵定心丸，给一家子外乡人解决了无数大小生活问题，但是沈阿姨所有的时间已经满档，所以推荐自己的妹妹，另一个沈阿姨。

和沈阿姨的第一次见面，至今印象深刻，不像是我面试她，更像是她面试我。

沈阿姨穿着一件灰白色衬衫，领口袖口都熨得平平整整，领口间露出细细的黄金项链，配一条紫粉色素花半身裙，背着一个小白包。进来第一句话是："我姓沈，你这个小区还不错。"那一瞬间，我觉得是我那永远高傲的姥姥来视察我在上海租的小屋了。

然后，沈阿姨说："我们得聊一聊，我不随便给人家做阿姨的，我很挑客户的。"我完全被沈阿姨的气势镇到了，只好顺着她的话头"聊一聊"。

请沈阿姨在小客厅坐，泡了一杯菊花茶奉上。和沈阿姨的聊天中，知道她的先生因病早逝，有一个女儿在上高中。丈夫走后，她又逢工作单位大裁员，被裁后开始重新规划自己的人生。她的姐姐之前是法国大使馆的清洁阿姨，学到了很多体面人家的阿姨真经，后来也带她出来做阿姨。

我也和沈阿姨分享了我的故事：北京大妞，但姥姥是上海人，姥姥说上海是全世界最洋气的城市。未婚，男朋友在北京，一个人为工作搬到上海。

沈阿姨听到这里，"啧啧"地说："你看着这么清秀瘦弱，三十几岁为了工作，一个人跑到离家这么远的地方，阿姨喜欢你。"

沈阿姨从此就成了我在上海小家的定海神针。一周两次，来帮我打理收拾租的小公寓。

沈阿姨节俭。帮我收拾衣柜时，看到我几乎一模一样的白衬衫有一排，就在衣柜上帮我贴了一张纸条："白衬衫不用再买了。"我跟她说："白衬衫不好打理，一染脏就洗不出来，所以多备几件。"她说："那是你不会洗白衬衫，不是衣服都扔进洗衣机就可以洗好的，阿姨以后会帮你认真洗，同一件白衬衫可以穿很多年。"

我有一些牌子好、价格不菲的小洋装，每次穿过都送去楼下洗衣店干洗。沈阿姨考察了楼下洗衣店，然后跟我说："这家洗衣店不行，衣服拿给我，我去附近一家五星级酒店的干洗店洗，价格我查过了，是一样的。"

我不能适应上海的潮湿，看到自己的鞋里长了毛，吓得尖叫。沈阿姨去超市买了防潮剂，说这只需要几块钱就可以搞定。我冬天怕冷，沈阿姨在我下班回家前一小时，跑一趟家里，把空调提前打开。

我怀双胞胎的时候，吐得惊天地泣鬼神，从早到晚吐，半夜起来吐，一度觉得坚持不下去了。沈阿姨给我试了各种偏方，非常坚定地鼓励我："再吐三五天，就好了。生孩子不容易，但日后你会开心的，这罪不会白受的。"

双胞胎出生后七个月大时，带她们在上海住过半年，得沈阿姨悉心照顾，教给我很多朴素有效的育儿心得。比如，沈阿姨从不主张追着孩子喂饭，"不吃就饿着，规矩要立好"，"哭是运动，不要孩子一哭妈妈就慌"，"女人带孩子不是个大事，你把工作做好要紧，小孩子有苗不愁长，会自己长大的"……

我和沈阿姨的缘分只有六七年，后来上海房东要卖房子，只好退租。再后来，没找到合适的房子，就开始住酒店，不再需要阿姨。和沈阿姨一直都有联系，每年中秋给她递一盒月饼。她让我初到上海人生地不熟的那几年，有过很多温暖。


沈阿姨有时会让我想起姥姥家跟了半生的家里阿姨，妈妈和舅舅们都叫她"吴妈"，我叫吴奶奶。

据说四十年代，姥爷带着姥姥从上海搬到北京，吴妈那时就来到家里做阿姨。姥姥生了五个孩子，这五个孩子都是吴妈手把手带大的。本来这是一个大户人家平淡无奇的阿姨故事，但是世事难预料，在滚烫无常的岁月中，吴妈成为全家人的恩人。

解放后的时代运动中，姥爷进了监狱；然后又是"文革"，姥爷被带走时，姥姥的五个孩子，最大的七岁（我的妈妈），中间三个舅舅，最小的小姨刚两个月，家里如五雷轰顶，一夜之间从富户大宅变得一贫如洗。小院子里的帮工们纷纷散去，只有小脚的吴妈坚决不走，说不要一分工钱，只想陪着姥姥把儿女拉扯大。

小时候，妈妈给我讲过吴妈的很多小故事。

在家里最穷困潦倒的时候，姥姥要让妈妈每个月出门找邻居借两元钱买米，月初发了工资再去还。妈妈最怕这一天，不知道如何跟人家借钱，怎么张口，什么话术，都是吴妈教的。吴妈总是帮妈妈把小衣服揪揪平整，说：“大小姐，咱们出去借钱不丢人，不是要饭，咱们过几天就还的，你要挺直腰板去借钱。”

妈妈说，在那些年困窘的日子里，每当吴妈叫她“大小姐”时，她都哭笑不得，都沦落到每个月借钱买米了，谁还把她当从前那个养尊处优的“大小姐”。可是这三个字，终究是种在了心底。

妈妈讲过，那时日子虽然拮据，但吴妈的规矩还是很多。

饭桌上，姥姥不上桌，孩子们都不许动筷子。吴妈会说：“要等着你们妈妈坐下来才能吃，妈妈每天上班，很辛苦的。”饭桌上的肉，最大那块，吴妈永远先给姥姥夹进碗里。

逢中秋，家里还是会买两块月饼，吴妈和姥姥极其细致地把月饼分成几小块。吴妈每次都说：“那么甜，我不要吃了。”姥姥总是说：“我也不想吃，还是你吃一口。”

在我童年里的每个中秋，妈妈都会讲起这段故事。五个孩子加两个大人，分两块甚至一块月饼，姥姥和吴妈要互相谦让很久。最后总是吴妈让给姥姥吃，自己把切月饼掉下来的碎渣，一点一点用手指小心地送进嘴里。

我有时想象那些画面，吴妈也许是那个年代姥姥生命中最重要的一个人，能够陪伴她、帮助她、支撑她挺过一生中最难、最穷、最没有尊严的日子。

我对吴妈的记忆，是我大概七八岁时。吴妈每年会来我们家里两次，每次住半个月，把家里的被子全部拆洗干净，再给全家一人缝一件棉袄。吴妈会蒸特别好吃的大包子，自己擀皮，自己拌馅，自己包，我下学回家一进门，满屋都是包子香。

吴妈见我进门，先是张罗着"去洗手"，然后从锅里给我夹出一个包子说："先垫垫，你爸妈还要有一会才回来。"爸妈回来前，我特别喜欢听吴妈絮叨那些过去的故事。比如，姥姥有多么美，多么讲究，又是担了生活多少不易、多少委屈；比如，妈妈懂事早，舅舅们很淘气，小姨让"文革"耽误没上大学；五个孩子慢慢长大，家里最穷的时候还是有很多快乐的。

吴妈自己不识多少字，却总是对我说："女孩子读书最要紧。你姥姥就是因为有文化，心里就有主心骨，那些烂事打不倒她。你妈妈就是因为有文化，和你姥姥一样做了老师。"

"女孩子给自己收拾得体也是要紧的，你姥姥在胡同扫厕所那几年，那也是穿得齐齐整整、干干净净的。你妈妈多利索，绝不能让自己邋邋遢着出门。女孩子要把自己当回事，每天照照镜子再出门。"

吴妈有时叫我"大格格"，因为我是姥姥的长女所生的长女。我也不知这称呼从何论起，老太太这么一叫我，我就觉得自己站在家里几十平米拥挤平常的陋室里，好像也有了公主的光芒。

那时，羡慕家境好的女同学常有新裙子穿，我问吴妈："大格格是不是应该有很多新衣服，可是我只有到新年才有一件新衣服。"吴妈说："大格格不只会穿新衣服，而是可以把旧衣服也穿得很体面。"

在我的人生中，第一次关于"体面"的概念，是这位不识几个字、没读过什么书，可是陪伴姥姥最艰难岁月的吴妈告诉我的，铭记于心，一生受益。

吴妈活了 103 岁，姥姥的五个子女，在吴妈最后的日子里，一起出钱出力，为她养老送终。

# 结婚了却忘记了什么是爱

身边一对朋友离婚。寻常夫妻，已婚十年，孩子七岁。离婚的理由是：

女方："我改变不了他，只能做一个改变生活的决定，我太累了。"

男方："我不知道她每天在想什么，为什么她总是不知足，我已经尽力了。"

老人说，婚姻是脚上的鞋，只有自己知道舒服不舒服，外人看到的都是表象。老人又说，夫妻之间，论对错是愚蠢的，过日子就是厨房里的碗和盘，哪有不磕磕碰碰的。

所以，即使作为朋友，我也无从判断这桩分开的婚姻里的孰对孰错。只是在想，到底什么是爱？

尤其对所有过了少男少女年纪、沉溺于柴米油盐多年的成年夫妻，我们是不是还真的记得，什么是爱？回忆下初恋，那种不知世事沧桑、不管天晴天雨的青春爱情。

喜欢上一个人时，是多么慌张和兴奋。要去见他前，会花两小时把衣柜的衣服都折腾一遍，然后对镜子里自己的样子依然不满意。偷偷打探他的喜好，然后默默把他的喜好变成自己的喜好，只为了见他时可以多聊一会儿。早上祈祷，希望会和他有一次上天安排的偶遇；晚上回味，和他见面时每一秒的心跳。

张爱玲的这句太准确:"见了他,她变得很低很低,低到尘埃里,但她心里是欢喜的,从尘埃里开出花来。"爱上一个人,就是心甘情愿对他好。

张爱玲还有一句:"你问我爱你值不值得,其实你应该知道,爱就是不问值不值得。"

这句道出了真谛:爱情,不能算计,也禁不起算计。所谓值不值得,都是那些可以量化的物质的计算,而爱,最贵也最便宜,无价可比,是一种精神的愉悦和满足。

当你和爱的人结了婚,当你们成为抬头不见低头见的生活伴侣,你见他不再会心跳加速,不再想着精心打扮,满脑子家里的琐碎、孩子的功课、老人的身体……

你是不是还会再想:做什么事会让他更高兴?你会不会常常抱怨:我对这个家付出太多,为什么他不能改变?

事实是,他并不会因为这个家而改变本性。如果他是一个脾气很暴的人,并不会变成小绵羊。对一个成年人来说,家是放松本性的地方,他的所有不足和缺点,只会在家里被放大。

可是,你爱上他的时候,他的不足和缺点,也在他身上。

同样,我们也不会改变本性。生活赋予女人的皱纹与白发、锱铢必较与喋喋不休,最先最多看到和忍受的,是你身边的他。

婚姻状态里的老夫老妻,渐渐不再提及"爱"。可正是因为成年人内心深处的孤独与压力之下的挣扎,其实比少年时,更渴望爱。因为爱始终都是人生的光与能量。

爱和欲望,是两回事。

爱一个人，爱的本质是对他（她）好，是付出，不断地付出；而欲望，是要得到和占有，当你执拗地想按着自己的意志改变对方时，爱已经变成另一种方式的占有。

我在公众号里写过一个很能触动人的调查：哈佛大学用七十五年跟踪调查了 724 人从生到老的生活，课题是"让一个人幸福的原因是什么？"这项研究的第四代教授在 TED 演讲时公布了答案："让一个人幸福的原因，不是事业成功，不是财务自由，而是 good relationship（好的伴侣关系）。"

好的伴侣关系的标志是，你有事的时候，他是不是可以依靠；反之一样，他有事的时候，你是不是可以依靠。结婚与否不重要，有没有孩子不重要，糟糕的婚姻不如离婚。

好的朋友关系是，以价值观或兴趣爱好为基础建立的温暖持久的朋友关系，而不是以利益为基础的关系。

教授在演讲最后总结："想拥有以上两种好的关系，唯一的秘诀是付出，不断地付出。"

这个结论用另一个维度，诠释了亲密关系中的"爱"的真谛：靠彼此深厚的理解和信任，携手扛过生活中的无常。岁月与经历、成功与磨难，会把初相见时那种卿卿我我的小爱，升华得更有质感。

人生无常。每个人都需要有自己的避风港。爱人、亲人、朋友的理解和宽容筑起的避风港，最能抵挡风雨。你付出的越多，避风港的安全系数就越高。

这世上每个人都是独立的。有血缘之亲的亲人、肺腑之交的朋友，不欠我们的。我们深爱的男人、我们生的孩子，不欠我们的。

学会持久地去爱别人，最大的受益者，将是我们自己。

**爱不是亏欠，不是索取，不是计较，不是得到。如果幸福有秘诀的话，"付出"两个字是终极答案。**

如果我们认同爱的本质是"付出"，在一场婚姻里，爱人不仅是家人，也是朋友，很多问题，就会容易达成谅解与和解。

婚姻很现实，但爱情却如一道谜题，这也正是爱情迷人的地方。嫁给爱情最美好的结果是，每当被生活的一地鸡毛弄得狼狈不堪时，那些曾经的美好回忆，会跳出来，帮忙熨平生活的皱褶。然后，那个熨平的过程，又变成了一段新的美好回忆。

所以恋爱时，最好用尽全力去纯情和诗意地恋爱；结婚了，尽管生活远不够纯情与诗意，我们还是有力气和心气，想着要对他好，要一直爱他。

周末和女儿一起重温二十多年前的电影《泰坦尼克号》，依然感动得热泪盈眶。

女主人公罗丝已经上了救命的小船，但因为惦记杰克，又跳回危险的大船。当泰坦尼克号开始下沉时，两人双双坠入冰冷海水中，命在旦夕。唯一生的希望是一块漂浮的木板，杰克帮助罗丝爬上了那块木板。

小女儿问："为什么杰克不也爬到那块木板上去？那样他就不会冻死了啊！"

我答道："因为木板只能承载一个人的分量。"

在那场旷世之灾的生死面前，真爱就是：只要你能活下来，我死而无憾。

## 爱是彼此成全

和谐美好的夫妻关系、情侣关系，不是彼此牺牲和各自放弃，而是彼此鼓励、协助成长。

**成全对方——是两人之间最美和最长久的爱的姿态。**成就你的事业，成全你的爱好，成就你不切实际的小小梦想，成全你心心念念的美好愿望。

《优雅》中有一篇小文，写的是身边真实故事：

女友过生日，先生给她的惊喜礼物是，一台古筝。古筝，只是女友少女时代的一个梦，喜欢，不会弹，也一直没有机会学。后来嫁人做娘，忙忙碌碌，古筝就成了少女一梦。

当这个梦自己都要忘了时，她的他，还记得。

女友后来去上了古筝课。她说弹得好坏不重要，重要的是一打开琴套，就是自己的青春和他的宠爱。

有一个小兄弟，本是公务员，他有个古老的爱好——钓鱼，精通钓鱼用具。他钓鱼的时候，老婆就在旁边看闲书。老婆常开玩笑说，感谢老公有个清静爱好，自己有了清静的读书时间。后来，小兄弟决定辞职开渔具店，父母急了，铁饭碗扔了还了得。妻子全力支持，帮他劝父母，他的爱好可不是一般爱好，人家是专业级别。小夫妻搬到北方一座海边小城，开了一家渔具店，其乐融融。

妻子说："把爱好做成一家小店，多美好，我愿意帮他。"

一对温州夫妇朋友，丈夫先做生意，辛苦赚钱有了些家底。妻子并没学过时装设计，但有个时装梦，想做自己的服装品牌。丈夫坚定地相信妻子有天赋，倾家支持。服装品牌在开始五年走了不少弯路，经历多次艰难的生存危机，夫妻同心不放弃。十年之后，现在已是很有模样的服装公司。

我认识这对夫妇十几年，丈夫生意精明、为人憨厚，每次在妻子品牌的秀场见到他，他都搓着手说："我是真不懂时装啊，我就是相信，她能做好。"有一次打趣他："做不好怎么办，把家底赔光怎么办？"他还是搓着手说："那能怎么办，我们本来也是白手起家，再来一次呗。钱没了，我还有她。"

一次在国外出差，大家相约散会后上街购物。女同事上网查半天，七拐八绕找到一家专门卖骷髅饰品的用品店，给老公买了一件潮牌设计师的骷髅造型烟灰缸。我看到吓一跳，问她这玩意摆客厅不吓人啊？女同事笑了，说老公喜欢各种骷髅，还送过她一条麦昆（McQueen）的骷髅图案丝巾。女同事甜蜜蜜地说："爱一个人，也要爱着他的爱好吧。即使不能爱屋及乌，那也要成全他。"

老人们常说：新三年，旧三年，缝缝补补又三年。两个人的日子啊，就是缝缝补补一辈子。

当下的生活压力，让生活漏洞越来越多。刚缝好西边得以避雨，东边又漏风。

什么是持之以恒的缝补能力呢？当然是爱。

"爱"这个字，在热恋的荷尔蒙狂欢后，需要涓涓细流不断地滋

爱情让女人
心里有亮，眼里有光。
缝缝补补的爱情，
让人生圆圆满满。

摄影／闻晓阳

养，"爱"才能转化成小日子的能量。

不是所有人，都有成就对方的能力；但是每个人，都有成全对方的能力。

在成就和成全的过程中，他（她）不仅是爱人，是家人，还是伙伴，是知己，是兄弟姐妹。

你说过的一句话，他记下了；他做过的一个梦，你悄悄放在了心底。外人觉得莫名其妙、匪夷所思，甚至想入非非的那些念头，枕边人懂，是彼此的恩宠。

都说成人的世界没有"容易"二字，在柴米油盐的烟火生活里，还常常甘心把对方当成小女孩或小男孩，那才是，人生只如初见。

做了夫妻，不意味着对方就有责任爱你一生。结婚证上没写着"相爱永远"这四个字，所以，无论是新婚夫妇还是老夫老妻，恋爱，都是一辈子的事。

## 嫁就嫁给爱情

五月，如果没有疫情，是一年中婚礼最多的月份。

不知从哪年开始，有人宣布"520"的谐音是"我爱你"之后，就此多了一个情人节。商家雀跃，为了爱，买买买，购物有了新理由。

还是有很多好东西，爱情买不起。

从前父母规劝找了穷小子谈恋爱的闺女，总是说，爱情又不能当饭吃。

这话对一半，爱情是不能当饭吃；也错一半，世间所有情谊，不能让你荣华富贵，但都可以让你吃饱肚子。

父母、亲人、朋友、同学……任何一段真诚情谊，都不会让你饿肚子。我把以上情谊统称为"亲人"，有些是先天亲人，有些是后天亲人。

年轻时，女孩子们都喜欢给白马王子画像，他的样子、他的职业、他的家庭、他的爱好，恨不得连眼神都画出来。如果你遭遇过爱情，就会懂，他出现的时候，你只有蒙，莫名其妙地蒙。之前那些心目中打好腹稿的画像，早已九霄云外。

有一次在微博上讨论爱情和房子的问题，留言区热闹："他没有房子，我怎么能嫁给他"，"他没有房子，我妈根本不同意啊"，"他没有房子，结婚以后日子不踏实"……

没有房子，可以租房；没有爱，去哪里租爱情？有爱情有房子，当然好；有房子无爱情，日子能踏实吗？

有人说，爱情是奢侈品。那是把爱情想得奢侈了，如果一定要用金钱来衡量，比起爱情，房子和钻石，才算奢侈吧。

爱情是这世上最不贵、最单纯、最真挚，最会从天而降，由心而生，像玻璃一般剔透脆弱，亦如钻石一般持久闪亮的感情。

还有人说，能用钱买来的东西，都不算奢侈，比如房子和钻石；爱情用钱买不来，所以奢侈。这算正解，爱情不贵，但用钱，买不到；买来的，不是真爱。

丘比特这个小家伙，你只有全心全意地相信它，全力以赴地投入它，爱情才会在两个人之间，生根，发芽，开花。

每个女人都希望，嫁一个又有爱又条件相当的心上人，这一点没错。不必把爱情和物质对立。事实上，持久有爱的两个人，精神和物质都会匹配。

常常错位甚至错乱的，是生活的无常。若生活真给你一道难题，要想清楚，先要什么，后要什么。

像幼儿周岁时，大人们把一堆物件摆在娃娃面前：爱情、才华、性格、相貌、家世、房子、存款、职业……然后说："只能拿一件——你最想要的。"

长大以后，你觉不觉得，生活也常常给出这样的问题：亲爱的，你要拿哪一件？

你也许会说：其他都是实在的呀，爱情太虚。

和其他的相比，爱情确实相当虚。可是，人类如果没有这些精神上的"虚"，比如爱情，比如艺术，比如文明，这世上，根本不会有越来越美好的物质。我们也不会有感动，不会有满足，不会有人与人之间的心心相印和心有灵犀。

**不嫁，就先打磨自己，既然他的钻石还没到，就把自己先打磨成钻石；若嫁，就嫁给爱情。你拥有爱情时才知，有没有钻石，已不重要。**

钻石、房子之类，从来都是锦上添花；而爱情，是人生之雪中送炭。

爱情纵有千般无能之处，但爱让一个女人，不悔；女人会因为不悔，一生桃李芬芳，春光不泄。

身边有妹妹这月结婚，我在礼物卡片上写道：

> 恭喜嫁给爱情，
> 婚姻是人生一件非常有质感的事，
> 请珍惜为盼。

## 深度爱好，让人生有星光闪耀

女朋友递来一本书，很重很厚一大本——《有生之年一定要看的 1001 幅画》，一位英国教授写的。按照时间顺序，从 15 世纪前到当下，一幅画，一段文字，介绍有关作者和作品，以及画作现存于世界哪座美术馆。

这本书对于美术馆爱好者来说，有点像一本西方绘画艺术词典。我花了好几个小时，勾勾画画出自己已经看过多少幅。看过的画，大部分并记不住，或者记混乱了。

扑进一座美术馆，常看得头晕目眩，双腿发酸，然后发现看不懂的是大部分，恨自己无知。

曾经逛美术馆，就像去旅游胜地打卡。到了巴黎，总要去卢浮宫、奥赛和蓬皮杜……后来真爱上逛美术馆了，才知巴黎有很多小小的美术馆，游客很少，幽静空灵，如世外桃源。

为了能多看"懂"一幅画，之前要做些功课，找书，找相关的帖子，看人家懂艺术的人怎么讲每幅画、每件雕塑的故事。

喜欢一个艺术家，去看他的生平故事。就像喜欢一个作家，读过作家的生平轶事，才更容易看懂他笔下的风月。

后来就有了自己特别爱的美术馆，就有了自己心心念念的艺术家，就有了很多次为一座美术馆、一个展览，不远千里万里专程而去的美好记忆。

有一年去佛罗伦萨的乌菲兹美术馆，看晕了，觉得眼睛不够用，真的想能住在里面就好了。那天发的朋友圈是：若有来世，愿做乌菲兹的一幅画框。

我上学的时候，没怎么认真学过文艺复兴，只知道这四个字，连一知半解都算不上。我那时大概想不到，很多年后，这两三百年的艺术史，点亮了我的中年人生。

逛美术馆这事，对我来说，就像家常菜日子中的一块巧克力，想到就很甜；也像夜空中的星星，长夜无边，只要一抬头，就有闪闪亮的一颗，心有灵犀，想对它眨眨眼。

逛美术馆这事，和收入、和阶层无关。

2018 年纽约时装周，助理给找了一位华人司机林师傅，负责每天带着我赶秀场。到纽约第三天，赶上瓢泼大雨，犹太人正在假期，秀很少，总部办公室也不上班，下午就空出了几个小时。

林师傅一边开车一边问我："您去过修道院艺术博物馆（Met Cloisters）吗？"

"没去过呢，总是时间不够，有点远。"

"您一定喜欢，今天假期又是大雨，人不会多的，现在拉您去。"

我惊讶了："您怎么知道我喜欢美术馆？"

林师傅说："我有一张您的清单。"

我说："对啊，我给您的啊，秀场日程和时间地点。"

林师傅笑了："那个不是您给我的，是您助理发我的。您一落地给我的是另外一张清单，上面是七个纽约美术馆的名字地址，您说若是两场秀之间赶得及，就抽空去。"

我更纳闷了："我给您的七家，没有这家啊？"

林师傅说："拿到 list 曾问过您，西方美术您最喜欢哪个时期？当时您一直低头狂看手机，头也没抬地回答：中世纪、文艺复兴。Met Cloisters，就是纽约的中世纪天堂，而且现在在做教会灵感时装展，不看会后悔。"

在一片疾风骤雨中，林师傅拉着我到了北曼哈顿。窄窄的门，像一座古堡。

一进门，眼睛就有触电的感觉——建筑之美、艺术之奇、宗教之神圣、时装之华丽，被美到目瞪口呆。

本来计划停留一小时，结果在这里驻足三小时，一直缓不过神。在美术馆的小咖啡厅喝了一杯热茶，要了一个牛角包，望着院子里谜一般的中世纪风格庭院，那一刻有迷幻的幸福感。时差的疲惫、工作的焦虑、想家的心情，都化成窗外的雨丝，湿漉漉流过心里，淡淡地过去了。

出来时，看我一脸的兴奋与满足，林师傅得意了，说："我可不是什么人都推荐的，看您是真爱美术馆才说的。"我哈哈大笑。

聊天才知，林师傅做司机，林太太在饭馆打工，孩子上初中，一家三口都爱美术馆，从不错过纽约的大小展览。

林师傅说："艺术吧，没学过。就是爱逛美术馆，逛着就高兴，就满足。花个门票钱，买年票更便宜些，成本不高，收获很大。逛得多了，也能说出个一二三，就更喜欢逛了。现在感觉到了四五六阶段，估计再逛十年就能知七八九了。"

"这事吧，不能当汉堡吃。经济危机那年，我和太太有几个月双双失业，还是坚持去逛美术馆。怎么说呢，钱得挣，日子得过，但日子里，总得有点精神层面的东西，才有意思。我来纽约打工二十几年，在这里依然是一个异乡人。不怕您笑话啊，我有时真的就在一幅画前，找到了心灵归宿。"

我相信林师傅的话，因为我也曾经在一幅画前，忽然泪流满面。也许这就是那些"艺术"，对同在"四五六"阶段的我和林师傅的一腔痴情，回馈的一块巧克力。

爱好这事，不分高低贵贱。对一种小小的爱好，愿意花时间和精力去琢磨、学习，时间长了，就变成了深度爱好。

在爱好面前，千万别说"没时间"三个字。你爱的事，如同你爱的人，想爱，时间一定有。

明代张岱在《陶庵梦忆》中写："人无癖，不可与交，以其无深情也。"一个人若无嗜好，眼前空无一物，心浮气躁，无真情可言，这样的人，不值得交往。

**有一个深度爱好，让人生更丰富，更有质感。这种丰富和质感，不需要向别人炫耀和证明，而是自己内心的骄傲和富足。**

## 我们本真的样子

每年逢春节来临，街头巷尾，橱窗天台，红彤彤一片。

人们常抱怨，现在过年没有小时候的年味足。那时爆竹满街飞，那时过年才有新衣穿，过年不仅有仪式感，对孩子来说，也是真真切切的盼头。

其实年还是年，只是我们的资讯太发达，物质太丰富，买买买的手段太便捷。如果用物质的角度和二三十年前比，每一天都是新年。所以，新年不再特别。

小时候，我有一位表舅姥爷在北京王府井大街的儿童商场工作。每逢春节，舅姥爷来家拜年，就拎一个洋娃娃当作新年礼物。因为这个洋娃娃，我对过年有了强烈的期盼。舅姥爷是上海人，中间有过一两年，舅姥爷提前回上海，没来得及到家里拜年团聚。我那个失望啊，因为那一年，就没有新的洋娃娃了。

童年的记忆刻骨铭心。上大学后，我依然迷恋洋娃娃，那时女生宿舍深夜聊天，我仰望着上铺的床板闲扯："要是哪个男孩给我攒齐 100 个限量芭比娃娃，必须是限量的，我就嫁给他。"宿舍里女同学咯咯笑："那你直接嫁给玩具厂厂长吧。"

这样的故事，在我女儿的童年，变成另一个版本。她们并不喜欢洋娃娃，喜欢小熊小猫小狗的毛绒玩具，从小堆满半张床，不用等到除夕才有新玩伴。

双胞胎从五六岁起迷上乐高，八岁那年春节，专程带她们去了马来西亚乐高城。两个属鼠的女孩像小老鼠掉进了大米缸，在乐高城欢声笑语，流连忘返。临走时，很隆重地跟我说："妈妈，我长大了要来乐高城工作，收门票就可以，这样每天都可以玩很多次喜欢的游戏。"

听到女儿这样的"理想"，忍不住大笑，因为想起来自己和她们一样大时，"理想"曾经是要做公共汽车上的售票员，售票员有一个很酷的票包，上面有个铁夹子，一扣啪嗒一声就开了。售票员阿姨还负责开门关门，如果腿脚慢了，全靠她伶俐的眼神来帮忙晚关几秒门。


妈妈也常常絮叨她的童年。妈妈的童年有两个颜色，一个是粉红色的，家里富足，父母宠爱，礼物堆成山，小公主般的生活；另一个，是灰色的。

姥爷出身不好，在那个年代，一夜之间，家庭遭遇巨变。每到过年，姥姥就愁无米之炊，过年总要让孩子们吃饱，好歹有一点小零食。反复抄家后家徒四壁，作为大女儿的妈妈，虽然只有七八岁，也要和姥姥一起担当。姥姥做教师的微薄工资，养育五个孩子非常艰难。每个月一过二十号，姥姥就差妈妈去邻居家借几元钱，等下月初发工资的时候再还给人家。赶上过年，姥姥会让妈妈多借几元，过节家里客人多，饭桌要像个样子。

妈妈回忆起童年过节的时候,每次必讲两件事:一是姥姥的好手艺,粗茶淡饭,也可以做出花样年华,邻居们无不夸赞;二是小小年纪借钱的经历,每次都要想如何向邻居阿姨张口,从家里到邻居家那半条胡同的路,让她踌躇难忘了一辈子。

不知道是不是每个成人过年的时候,都喜欢忆旧。很多好像已经淡忘的童年往事,会一下子浮上心头。怀念童年,为了惦念亲人,也为了让当下的自己知足感恩。小时候的妈妈、我和女儿,不过是想过一个不用再借钱的新年,想要一个新娃娃,想多玩几次喜欢的游戏。

妈妈说,即使她的童年有两个颜色,但依然快乐美好。其实生在穷家富家,童年的区别并不大,因为孩子欲望有限,天真简单。

欲望与攀比,随着年龄滋长起来,成人们习以为常,愈演愈烈。**其实大部分人不是在为生存焦灼和奔波,而是在为欲望焦灼和奔波。**

最近在读梭罗的《瓦尔登湖》。虽然这是一本名著,从前也翻过几次,但每次读不完一章就放下了。想不明白,梭罗在 1854 年写成的这本倡导简朴生活的书,到底对当下高速与繁忙的现代化生活,有什么意义?为什么这本像在描述隐者生活的书,近两百年来被反复传阅?

身边的人,创业的盼着上市,打工的希望升职,有孩子的鞠躬尽瘁扶持娃上常青藤学校……朋友圈里,热气腾腾地互相炫耀,大家忙忙碌碌,谁又真的能出离繁华,去做一个"隐者"?

这几天梦里旧事萦绕,清晨醒来忽然想明白了,其实我们的童

人有情，
生活就多情；
人不忘本，
永远都有少年的样子。

摄影 / 付泉浩

年，每一个孩子都是生活的"隐者"，活在自己单纯美好的世界里。

回不去童年。

年龄愈大，愈需要童年般简单清明的心。有这样的心境，在疯狂的名利角逐里，在暴富或拮据的生活里，都不至于迷失自己。什么是不迷失自己呢？在这本书中，梭罗给出一些答案：

> 从今往后，别再过你应该过的人生，去过你想过的人生。
>
> 时间决定你在生命中遇见谁，你的心决定你想要谁出现在你的生命里，而你的行为决定最后谁能留下。
>
> 一个人越是有很多的事情能放得下，就越是富有。
>
> 我们能放下多少对一己的关注，便可以真切地关注多少身外世界。
>
> 智慧和纯洁来自努力，无知和纵欲来自懒惰。
>
> 善是唯一永远不会亏本的投资。
>
> 过剩的财富只能买过剩的东西，灵魂所需要的东西都是用不着钱来买的。

这些句子，句句透彻，穿越近两个世纪，依然落地有声。

梭罗所倡导的物质极简、灵魂丰盈的生活状态，就如同陶渊明笔下的桃花源。

中学就读过《桃花源记》，愚钝几十年总是怨，生活里根本没有桃花源，陶渊明老先生是在白日说梦。人到中年有一天忽然悟出，世间处处桃花源，桃花源在每一颗清明的心中。

读《瓦尔登湖》，很可能你时时还是会放下，觉得书中梭罗描述的生活，离自己很远。其实无碍，放下还可以再拿起，全书十八个章节相对独立，从哪一章翻起都好。哪怕你就是看梭罗描写的清晨黄昏、森林木屋、动物嬉戏，这些寻常自然景象，都会深觉一种久违的静谧的美，会找回被我们忽略和忘记的一些简单美好的感受。

就像我们曾经的童年，无论是欢乐的、伤心的、有遗憾的、充满斗志的，都简单纯粹，永留心底。虽然偶尔才有时间细细回忆，可回忆起来，就想起生活本真的样子，我们本真的样子。

**人不忘本，就永远都有少年的样子。**

## 幸福是什么

不知道现在人们的日子是过得太幸福，还是不太幸福，"幸福"这两个字，似乎离我们的生活越来越远。2023年夏天某日，工作室开视频选题讨论会时，问大家："你们幸福吗？我们做个幸福专辑好不好？"小伙伴们哑然："很久没人问这个问题。"

晚上，在几个女朋友群里问大家同样的问题，所有人沉默。然后一个朋友说："现在谁关心这个问题啊？大家关心怎么赚钱，怎么成功，哪只股票长得快，哪家医美效果又好又便宜；关心孩子怎么能成学霸，房价是涨了还是跌了……"

那晚，我进入一个很轴的思考圈，我和我的朋友们，真的不在乎幸福吗？诚然，幸福不止有一个标准答案，但自己心中幸福的答案是什么呢？生活在大城市里的我们，物质条件其实比我们小时候好很多倍，但伴随而来的是焦虑横行，抑郁满城，有多少人在奔忙的间隙，还有耐心问自己：我幸福吗？幸福又是什么？当天晚上曾经想，要么明早6点起床，戴上短视频的话筒，在北京国贸地铁站口，问一百个人：对你而言，幸福是什么？我最终没有勇气这么做，担心会面对很多双茫然的眼睛。

这一年春天，我加入了中国妇联妇基会"天才妈妈"公益项目，每隔两个月就跟着项目小组去深山里探访少数民族女性的非遗手工艺工坊。这是我第一次花很多时间持续投入到一个公益项目里，很兴奋；去的地方，都是我前半生从来没有踏足过的边远山区。

贵州黔南马尾绣和扎染的探访计划下来后，忽然想到，带着我的幸福问题，去那些我不熟悉的地方找找答案。黔南当地妇联的姐姐说："这个问题好啊，社会学的老师们来做过调查，说我们这里是全国幸福指数最高的地方之一呢。"

长途跋涉，舟车劳顿，来到黔南县城、乡村、少数民族寨子，遇见深山里的她们，不同年龄，不同境遇，有的只有小学文化，有的正在考大学，有的女儿刚上大学……而她们相似的是——阳光、快乐、知足，每个人都很爱笑。我喜欢她们，在断断续续的聊天中，清晰地感受到关于幸福的答案，正一点点浮现出来。

### 布依族神仙奶奶：幸福是有一门手艺

遇见 74 岁的欧培花奶奶，是在荔波尧古布依村寨的老房子里。

见到奶奶的时候，她坐在小楼二层靠窗的位置，面前摆着她的扎染篮子，正在专心致志地扎一个枕套，周围有一股温暖的仙气。全寨布依族的女人们，有一大半的扎染手艺都是欧奶奶手把手教会的。我叫她"扎染神仙奶奶"，欧奶奶喜欢这个称呼，跟旁边的年轻女子说，要把这几个字绣成匾，挂小木楼上。奶奶的普通话很好，笑得特别灿烂，在场的人都被她的笑容深深感染。

奶奶不像其他布依族女性自小就学扎染，她 40 岁左右才开始扎染。我问奶奶："那 40 岁之前呢？""种玉米！你有没有吃我们这里的玉米，是不是特别好吃？"玉米是这里重要的主食和零食，见奶

神仙奶奶的笑，
点亮了布依族古寨的午后。
公益的初心是帮助别人，
而自己也是最大的受益者。

摄影 / 秦颖

奶前，我在午饭时刚啃了一根甜甜的玉米。

听了奶奶的话，心里想：40岁开始学一门手艺，三十年后依然在精益求精——这精神值得所有城市里的女性学习啊。

扎染像刺绣一样，非常费眼力，我惊讶于神仙奶奶依然伶俐的眼神，奶奶说："五十几岁曾经花到不行，但神奇的是六十以后眼睛竟然又很好啦。"我一听，深受鼓励，跟奶奶说："我现在就花到不行，也许等到六十就有盼头啦。"

奶奶一听，细细打量我："你这女娃这么年轻，眼睛就花啦？一定是看书太多。"

跟奶奶闲聊，她这么乐观，又这么能干，眼神还这么好，肯定能再活三十年，活到104岁。奶奶听后，高兴坏了，放下针线，牢牢拉着我的手说："你这么有文化，说话肯定是有数的，我要活到104岁，奶奶要扎个枕套送给你。"

和奶奶聊熟了后，把我心里那个有点形而上、担心奶奶不会很快答得出的问题说了出来：对女人来说，什么是幸福？结果，神仙奶奶脱口而出的答案，惊到了现场所有人：有一门手艺最幸福。

**做女人，有一门好手艺，自己挣钱养活自己，会幸福一辈子。**

走出奶奶的小木楼，外面稀稀落落下起了小雨，自己深一脚浅一脚地在布依族寨子里走了很久。雨雾中，奶奶和她住了一辈子的木楼渐行渐远，唰唰雨声中回响着她的话。如此独立的意识，出自一位深山古寨里的老人之口，爱了。

**何家母女：有饭吃，有事做，人生就很好了**

在荔波古镇，"天才妈妈"项目支持的扎染非遗手工艺传承人何茂晴妈妈的"布依布然"小店里，我换上一件针织扎染背心，与何妈妈，还有她的妈妈何奶奶聊了一个下午，跟着她们学习扎染的每一道流程。

扎染就像拆盲盒，有手工印染的浪漫，不会有两件一模一样的扎染衣物，在织物离开染缸之前，没有人知道最后会呈现怎样的花色。何妈妈不怎么擅长表达，只有说到扎染工艺时，滔滔不绝。作为工坊领头人，她将线上线下接下来的订单，发给在家带孩子的深山寨子里的布依族留守妈妈。妈妈们一边带娃，一边扎染，这样就能有收入。

聊到这里时，提到城市里有很多年轻妈妈生了娃就辞了职，总是说时间不够，何妈妈说："城市里的女人和娃都娇贵。我们活得粗糙些，可是很快乐。有饭吃，有事做。"

很难让何妈妈理解城市妈妈和娃的生活有多"卷"，即使生活环境非常不同，我依然觉得何妈妈的答案有朴素的人生智慧。也许，我们的"卷"与"娇贵"，只是因为我们想要的太多。

和何妈妈母女聊到"幸福"这个词时，何奶奶忽然就哽咽了，说现在就是最幸福的时候，她的幸福是从 60 岁才开始的，这些年跟着闺女开小店，做扎染，挣钱，还能帮别人；60 岁以前的日子，不想回忆，因为很穷，而且不知道怎么才能挣钱改变生活，更不知原来祖传的手艺可以变成收入。

所以，她在女儿的答案后面又加了几个字：有饭吃，有事做，人生就很好了。

### 23岁的村委会副主任：幸福是身体健康

在尧古村的田野里，我认识了蹦蹦跳跳、很活跃的何黎琴，她23岁，中专毕业，正在考线上大专。小姑娘是尧古村村委会副主任，她熟络地带着我们逛整个村落，有时像大人，有时又像孩子。当地妇联主席向我介绍小何是"村委会副主任"时，我差点绷不住笑出声，这明明还是个孩子。

找了村头一片空场，跟小何说："咱们聊一件正事，你要回答实话呦。"当我说出问题时，小何咧嘴笑了："这个问题我想都不用想，就可以给您答案——幸福就是身体健康啊！"

在午后的微风中，小何给我讲了去年带爸爸看病的奔波。赶上疫情，看病看得非常艰难，家乡看不了，去城市看；城市看不了，去更大的城市看。每一次转院都异常艰辛，很多时刻她都觉得自己撑不下去了，常常偷着哭，不想让爸爸看见。她第一次看到爸爸当着她的面哭出来，爸爸觉得自己的病治不好了。小何感受到了人生的无奈和无助。在一年的奔波治疗后，爸爸的身体有了好转，现在终于安稳下来。所以，小何认为，健康不仅是一个人最重要的事，也是一家子最重要的事，健康是幸福的前提条件。

小何讲完带爸爸看病的故事，说正在努力考线上大学，问我："姐姐，是不是多读书就可以更幸福？"

我想了想，很慎重地回答小姑娘："多读书可以扩展自己的视野和心境，让自己更强大，也会增强为自己和家人创造幸福的能力。"

和小何说完往回走的路上在想，幸福是一种朴素的感知能力，也许和一个人读书多少并没有直接关系。

## 瑶山妈妈：幸福是花两年时间给女儿做嫁衣

在瑶山古寨的写生部落里，我被正在做瑶族粘膏染的一位美丽、娴静的瑶族女性吸引。她说自己娘家姓谢，39岁，6岁开始跟着妈妈学习瑶族手工艺粘膏染。谢妈妈人生第一次对着镜头说话，亮通通的皮肤一直出汗，很谨慎地一个字一个词地说着。我夸她俯身做粘膏染的专注样子很美，她说每天趴在桌子上七八个小时，日复一日，这手艺把女人的性子都磨平了。聊到最近高兴的事，她终于愿意多说几句，女儿去年考上福建一所大学，她实在太高兴了，已经高兴了大半年。

问她关于幸福的问题，她听到就羞涩地笑了，说正准备开始给女儿做嫁衣，按照瑶族祖传的规矩，自己织布，自己绣花，自己蜡染，做一套嫁衣要两年时间，这件事让她很兴奋，每天在想用什么布，绣什么花色，想象那件嫁衣上的每个小细节，就觉得做妈妈好幸福。

花两年时间为女儿做一套嫁衣，从织布开始……我这个城市里长大的妈妈听到了，又羡慕又唏嘘。

想起自己手巧的妈妈，我10岁以前的连衣裙，都出自巧手妈妈的缝纫机，还有妈妈织的毛衣、妈妈做的棉袄、妈妈纳的鞋垫。现在想起来，就好像是上辈子的事。

我也做了妈妈，可是我已经没有手工的本事送女儿们这么有温度的礼物了。

### 水族小燕子：幸福是全家在一起

探访水族马尾绣，来到以马尾绣著称的三都县板告村。在村口盛大的迎宾礼上，一排穿着靓丽的水族民族服装、踩着高跟鞋的漂亮水族姑娘，摆开热情的敬酒仪式。正中的一个浓眉大眼，能言善辩，又是唱又是跳，无论我如何三番五次地说自己不会喝酒，姑娘依然笑嘻嘻地不依不饶，喝了她敬的三杯酒，彻底微醉。不醉不相识，认识了水族姑娘潘秋燕。小燕子性格爽快，伶牙俐齿，总是咯咯笑，马尾绣绣得很棒，车也开得飞快。

跟小燕子说："你都把姐灌醉了，那要接受姐的一个小小采访：你觉得什么是幸福？"小燕子几乎脱口而出："幸福就是全家人在一起呀！"她说完，吐吐舌头不好意思地问我："我是不是要求太低了？你的采访不会这么简单吧？"我被她说乐了。小燕子碎碎叨叨讲了自己和丈夫还有两个娃娃的恩爱故事，寻常夫妻，烟火真情，她的幸福都开心地挂在脸上。

小燕子的幸福，和她的性格一样，简单、干脆。我问："你生活中就没有烦心事啊？"她说："当然有啊，可是今天有，明天就过去了呀，我还是幸福的呀。"

这么乐观、爱笑的女人，一定运气好。

### 幸福的答案

我带着这个"矫情"的关于"幸福"的问题，采访了数个深山里的女性，这趟公益行，除了项目本身帮助乡村女性、支持非遗手工艺的愿景，我这个城市女人还有了一些意外的收获，就是关于幸福的五彩缤纷的答案。

其实每个人最初想要的幸福，都很简单和素朴，和这些深山里的女性并无区别。只是当我们选择太多、欲望太多时，生活越来越丰富也越来越复杂时，那些关于幸福的初心，被埋在了内心深处。

幸福是什么？

这趟黔南深山行回来后，更觉这是一个需要常常叩问内心的问题，当被时光和欲望埋住的简单答案浮出那刻时，幸福离我们就很近了。

有了阅历和皱纹时，
终知自己所求与所弃，
不再按照别人的标准定义自己，
活成自己想要的样子。

摄影 / 胡加灵

# PART 3

# 让长期主义成为价值观

## 我只是做对的事，欢迎围观


人生有些成长的痛，需要在心底闷十年，再讲出来时，才发现也许并不是痛，只是经历而已。

2009 年，*ELLE* 彼时主要在"北上广"等一线城市发行，杂志要扩大影响力，需深入到二三线更多城市中去。因此公司管理层做了大胆决策，启动和当时风头强劲的地方电视台选秀节目合作，这也是历史上第一次高端时装杂志和选秀节目合作。

编辑部为参加比赛的女孩们做造型，让普通女孩也登上 *ELLE* 杂志。同时，我代表杂志作为评委，出现在这个夏天每个周末火热直播的选秀客座评委席上。

在直播选秀的第一场节目中，合作取得了空前成功，观众席上飘扬着大片 E-L-L-E 四个字母的彩旗，网络上四处是女孩子们的时髦 *ELLE* 造型照。*ELLE* 和选秀节目一起，成为网络搜索热词。公司上下为之雀跃，巴黎总部发来邮件恭贺中国版的大胆创新推广。

开创性合作引来媒体、客户、观众各方的高度关注，枪打出头鸟，只是我没想到，明枪暗箭会打在自己身上。

在一期节目中，一件现场没有发生过的事，一句我从来没说过的话，第二天竟然会登上娱乐版，无处解释，来不及澄清。报纸上白纸黑字，网上铺天盖地，我猝不及防。

那年，社交平台还不发达，只有博客盛行。因为突如其来的漫山遍野般的网络责难，被迫关闭留言。被那么多不认识的人八卦和辱骂，我一时想不清自己遭遇了什么，每晚都在噩梦中惊醒。

对这场"事故"，除了我的委屈、公司的愤怒，也有不同声音。

一位媒体高层朋友，语重心长地开解我："这事不要放在心上，没有负面怎么出名呢？而且，你相信我，从此会有一大堆节目来找你做评委，那时你会懂这些负面不过是出名的代价而已。"

另一位做节目制作人的朋友说："在一场游戏里面，当你是个看客，一定希望这一局厮杀越激烈越好，越热闹越好，最好有人失控，有人疯狂；而当你成为游戏中的一分子时，游戏规则是这一局中的任何一个人，只要你在台前，就是一粒棋子，都要为厮杀与热闹，贡献自己。"

这次合作的盛况与业绩，波澜壮阔，是那年公司大事记辉煌的一笔。我的个人得失只是其中一点浪花。

正如那位高层大哥所言，节目之后，我至少接到了十家电视台选秀节目评委的邀请。我小心翼翼地给自己拉了一条警戒线，无论条件多么诱惑，坚决不再去任何选秀节目。

我不想这样出名，也不想做别人的棋子。余生要努力做可以掌控自己命运的人。

人若想更强大，就需要修内功。这场风波后，我决定回到学校深造读书。

后来我考上了中欧商学院，攻读 EMBA 高级工商管理硕士学位。

在第二年的"组织行为学"课程中，有一堂课是著名的 PDP 系统测试。这个系统根据每个人不同风格特征，将人群分为五种：老虎（支配型）、孔雀（外向型）、考拉（耐心型）、猫头鹰（精确型）、变色龙（整合型）。没有好坏之分，是一种了解自己和了解别人的管理工具。

教授设计了一份极其复杂的问卷，不仅学生本人回答，还需邀请二十位包括自己的老板、下属、朋友在内的人来回答对你的印象。如果自己的测试答案是"老虎"，二十位旁人的答案也是"老虎"，那么相对就是舒服的状态；反之，如果你对自己的认知和别人对你的认知相悖，那么心理压力指数就会特别高，也就是俗称的"拧巴"。

我的测试结果是"老虎＋考拉"，但是我的老板、同事和朋友对我的定义都是"孔雀"。因此，在相应而生的能力损耗表上，我的压力曲线是全班之首，也就是"心很累"。

老虎是林中之王，大部分 CEO 或创业者，都是老虎型人格；孔雀是外向型的爱美爱秀自己的动物，如果工作要常常露脸、出镜、对外社交，孔雀型人格就会有所帮助。

课后学校安排了心理学教授一对一和每个学员，尤其是能力损耗线高的同学聊天。轮到我，教授微笑看着我说："你在别人眼里是一只孔雀，这不是一件坏事。女主编的职业角色和孔雀非常吻合，孔雀型的人友善、温暖、情商高，有同理心，有创意，这明明就是你啊，孔雀又适合抛头露面，没有几个人有机会常常风姿绰约地走红毯，有多少人羡慕你呢，为什么不享受自己是一只美丽的孔雀呢……"

和教授心有余悸地分享了那个夏天被莫名网暴的故事，记不得教授讲的心理学专业理论，记住了这句：**我们经历的每一件事，都是为了要教会我们一些东西**。因为这个夏天，你只会更坚强。

最后教授说："我们打个赌好不好？教授觉得你未来会是一只越来越明艳的孔雀。"

后来多年，在外界看来繁华虚荣的时尚圈，我这只不情愿的"孔雀"，一直小心翼翼，如履薄冰，高调做事，低调做人。其实，并不是多清高，只是不够坚强，一朝被蛇咬了一小口，用十年缓慢疗伤和坚强。


命运是一位喜欢开玩笑的老人，冥冥之中和教授有了共识：就让她再做一次孔雀。

离开女主编位置后不久，机缘辗转，从幕后转到幕前，开始新旅程。这趟旅程的工作是：要有好的名声，要拍美丽的照片和视频，要在公众场合发言，总之——要常常孔雀开屏。

同学群里说：班里终于出了名人！大家七嘴八舌：

"天猫搜'晓雪同款'就可以买到你穿的同款 ERDOS 羊绒衫……"

"上海南京西路，那块巨大的娇兰广告屏，这个春天都看见你在上面昂着头微笑，这是多大的风光……"

"HEFANG 爆款雪花胸针就叫'晓雪胸针'呢……"

"去逛优衣库，店里喇叭飘来你的声音，原来是你为品牌拍摄的宣传片……"

"因为你小红书的一条优雅视频，我们全家老小都开始喝 A2 牛奶啦……"

"还有印在杂志里的大照片，以前编者话那页你就是一张寸照呦，现在可是整页你的笑脸……"

"名人"的皇冠刚戴上，"负面"就像一只屁颠屁颠的哈巴狗，紧赶慢赶追了过来。

一日，哥们微信发我一篇帖子。其实帖子不是讲我的故事，但刚好提到了我，帖子下方有一条留言："晓雪那个半永久的笑容，让她像个假人……"

哥们呵呵笑："是不是从没有被人质疑过自己的笑容'像个假人'？"

我说："哈哈，本来以为怎么笑是自己的事，没想到人家会质疑笑容的真诚。"

哥们说："雪儿，这就是做'名人'的代价，你的脸、你的笑、你的一言一行，都会被无限放大，谁都有评价的权利，无关对错。有时是好话，有时是难听话，有时只是八卦……反正你不可能博得所有人的赞。"

对噢，谁又能做到让所有人点赞呢，浅浅的介意只在心里停留了很短时间，转头淡忘，依然对着镜头笑。


2022年上半年，三月上海疫情加重，四月北京疫情反复，很多工作搁浅停滞。我们工作室决定趁不忙开启短视频拍摄，愚人节那天开了视频号和抖音，在小红书也开始发布短视频。

从写字的舒适区到初入手的短视频拍摄做了几个月，每天都可以看到这样的留言："晓雪发音有问题啊！""发型不好，不适合你。""你拍短视频真没有你写字好呀。""短视频里的你，远没有广告里的你好看……"

认真看网友留言，认真收下这些"负面"，想一想，嚼嚼碎，消化掉，再继续拍。

在这个过程中，不但没有失落，反而越战越勇，网友们的"负面"留言，有则改之，无则加勉，全部收入囊中。

就像在跑一段新的马拉松征程，有人喊"加油"，也有人说"跑步姿势不对"，耳边风吹过，西风东风都好，重要的是坚持继续向前跑。


我愉悦地发现自己和十几年前对待"负面"的心态不一样了。

彼时，哭泣、委屈甚至恐惧，不断地给自己设置"警戒线"，夜深人静时问苍天：为什么这么对待我？

现在，心里豁达并笃定，蜻蜓点水，一笑而过。

我只是在做我认为对的事情，就像一次孔雀开屏，欢迎围观并点评。

# 人生第一次拍TVC广告

## 1

2020年12月15日，据气象预报说，这是上海二十年以来，十二月气温最低的一天。这一天对我有点重要，是压力山大的一天，今天的工作对我来说，是人生头一遭。

上海奉贤区威盛片场，这是上海最大的片场之一。有多大呢？汽车，甚至大吊车可以直接开进棚里，又高又宽，一眼开不到头。

今天在这里拍摄法国娇兰品牌次年要发布的一款紧致精华素产品"御廷兰花超升瓶"的平面和视频广告，是娇兰2021年的重磅新品发布。

我刚刚和娇兰签约，可能是这个经典品牌历史上第一个不是明星也不是模特的"代言人"。虽然我非常了解这个品牌，也用了品牌产品多年，但还没有完全适应自己这个新身份。品牌为了这次全球新品上市，阵仗很大，中国有五位不同年龄段的明星名人加入广告拍摄。

进入棚里，首先映入眼帘的是特别搭建的巨大LED屏，屏上是巴黎总部特别制作的兰花背景，如梦如幻。化妆间很大，化妆师唐子昕已经摆满一桌子的瓶瓶罐罐，小餐桌上被制片团队摆满了零食，今天拍摄的几套衣服，已经被造型师熨好挂在衣架上。

我感到一种莫名的紧张和焦虑，所有人都说："雪姐，你只要美美地站在那里就好，其他一切都有专业的团队准备好了。"

我不好意思说出口，我就是不会"美美地站在那里"啊，我不是演员，也没做过演员，我之前二十年的工作，都是在对别人说："你只要美美地站在那里就好。"

唐老师今天化的妆面格外细致，因为是拍护肤品广告，他一边一丝不苟地用他精致的刷子和笔在我脸上涂抹，一边坚定地说："妆面必须经得起特写镜头。"

## 2

以前做编辑时，拍摄前的时间，完全控制在化妆师手里。编辑逢大拍摄，尤其是自然光外景拍摄，要赶着光的时间，所以须严格按照拍摄流程进度走。艺人到了，第一件事是化妆，如果第一步拖延了，就像多米诺骨牌一样，后面的拍摄流程会延迟一串。

虽然我在时尚产业工作这么多年，但有时也不理解为什么化妆师那么慢，不就是化一张脸嘛，而且，经常还是化一张本来就貌美如花的脸。

唐老师让我知道了答案。他的化妆加发型时间，是两小时起步，刚合作时，就听他说："别催我，慢工出细活。"唐老师的"细活"了得，每次被他拾掇好的我，在镜子前，我自己都有点不认识镜子里那个姣好妩媚的自己。

对我来说，一个姿势坐两小时不算累，但是心里有些不耐烦是真的，平日太喜欢素面朝天，偶尔化妆也是简单淡妆，忍不住对唐老师说："差不多就得了。"

唐老师皮笑肉不笑地怼我："化妆怎么能差不多，化得好，就是要一笔一笔认真地化。"我也就无言以对，自己也是崇尚认真的人，不能对一个认真的人不耐烦。

唐老师又说："何况，雪姐，咱们今天的工作，是靠脸吃饭。"这句话音未落，我人生第一次体验到了什么叫容貌焦虑，其他代言人都是天生丽质的明星啊，我如何能靠脸吃饭？我这张已经不年轻仅仅皮肤好的脸，能撑得起广告里的那个女主吗？

# 3

如果一个女人的姿色用十分来计，我对自己的长相通常评价是：天生两三分姿色，化好妆穿得美，勉强能到四五分，对我来说，在不靠脸吃饭的前半生，足够用了，甚至还有一点小优势。如今年过五十，竟然要挑战"靠脸吃饭"，这不知是命运的眷顾，还是命运的愚弄。

这次娇兰 TVC 广告的制作团队强大，娇兰的工作人员悄悄跟我说，导演和掌机是个法国人，拍过蒂芙尼（Tiffany）和路易威登（LV）的广告，水平不一般，总部非常信任，大家都很期待。

TVC 是 "television commercial"（电视商业广告）的简称，是品牌请专业团队，用专业设备拍摄的电视商业广告片，就是我们平常看电视看 iPad、刷剧刷真人秀，那些节目中的插播广告，大部分是品牌为一个产品宣传而拍的广告片，或者是为品牌文化而拍的形象片。

妆发完成后，开始换衣服。衣服提前两天已经试好，需要裁缝精修的地方也已经修改好，换上后，广告公司即刻来拍上身图片，同步发给娇兰巴黎总部。

往常，重要的广告拍摄，娇兰巴黎总部会派人来现场和中国团队一起工作，但因为疫情，现在只能云沟通，我们拍摄的整个过程，都在和巴黎办公室连线沟通。

此刻，巴黎办公室的姐姐们，对我穿上的这件连体裤的腰带有些微词。化妆间里，制作团队导演、巴黎办公室总监和我们一大群七七八八的同事，开始研究如何修改这条腰带。造型师安迪老师经验丰富，临危不乱，他果断减掉衣服腰间一个很大的盘扣，然后用针线纹丝不乱地缝上腰带，再拍照传给巴黎。

巴黎办公室对不再有盘扣的腰带终于满意了。安叔忽然对我说："哎呀，抱歉，雪，我刚想到你可能不太方便去洗手间了，如果一定要去，我帮你剪开腰带，然后再缝上。"

我只好说："我忍着，不去不去，就先这样吧。"

服装搞定，我进到了偌大的、有着震撼闪耀 LED 屏的摄影棚，搭建的舞台有几十米长，在 LED 屏的照耀下很魔幻，台下是黑压压一片的摄影、灯光、道具、制片等。

首先感受到的是，冷，一种上海冬天自带的潮冷。棚里好像没有空调，或者即使有空调也因为棚太高太大，暖风无法输送到各个角落。摄制组配备了几个暖风机，但暖风机噪声太大，实拍的时候得关掉。

一个高个子法国人从黑压压的工作人群中跳到我面前，热情地打招呼。我知道，这就是那位传说中很厉害的拍过 Tiffany 广告的法国导演。

他自我介绍后，指着台上那几十米长的舞台，热情洋溢地说："亲爱的雪，一会儿你上去，从这头走到那头。请想象这是在巴黎，你充满自信地、心情愉悦地走在大街上，脑子里想着生活中一些美好的事，just walking（走起来）！"

此刻，棚里的温度是摄氏零度左右，所有人都裹着厚厚的羽绒服。我明显经验不足，穿了一件呢子大衣而不是羽绒服来拍摄，大衣兜里被工作室姑娘塞满了暖宝宝。

脱了大衣，就只剩一件藏蓝色无袖连裤装，轻薄顺滑的面料，这是一件夏装。

# 4

当我走上舞台，差点乐出声。我穿着一件无袖夏装，台下所有人都裹着厚厚的羽绒服，然后只听到一句"Action"（开拍），全场暖风机关闭，我首先要克服的，是如何不让自己的身体瑟瑟发抖。

舞台上灯光全亮那一刻，好像真的忘记了冷。好吧，就 just walking，走起来。可是，很快就发现，众目睽睽之下，几十人用眼睛用镜头盯着你时，想要走得自如又自信，真的好难啊！我大脑一片空白，想不起什么"美好的事"，就在聚光灯下来回走，很快听到导演喊停。

法国导演拉我坐下来，很耐心地给我讲戏："我知道你很熟悉巴黎，你最喜欢哪条街道？"我说了两条街道名字，导演说："很好，

前半生的美，
靠天赐；
后半生的美，
靠修行。

现在你就在喜欢的拉丁区，就在圣日耳曼大街上，阳光正好，半个巴黎的人都出来晒太阳喝咖啡。你，现在就走在阳光里，感受着巴黎的美和自己的好心情，步伐轻快，脸上情不自禁有微微的笑容。"

我很被打动，只是……冷，太冷了，在这么寒冷阴凉的舞台上，如何可以让自己感受到阳光之暖呢？原来，表演真的是一门学问。

# 5

大概在舞台上走了三十个来回，走到身上每个关节都在因刺骨的寒冷而抗议，走到脸上竟然真的有了"微微的笑容"，导演终于满意了。

想喝一大杯热水，结果只喝了一小杯，担心反复去洗手间，就要劳烦造型师剪开腰带又再缝上。

拍摄最困顿的一个镜头，还不是前面几十趟来回走，而是拿着这条广告的真正主角——叫"超升瓶"的小蓝瓶子的镜头。困顿在于，我怎么都拿不好那个小蓝瓶子，镜头里需要瓶子好看，需要手好看，姿势要不违和，我在舞台上试了很多姿势，只见台下的导演一直在摇头。

拍了二十条都不过的时候，简直要哭了。我这么一个热爱护肤的女人，平时梳妆台上天天摆弄几十个瓶瓶罐罐，竟然做不好一个拿瓶子的姿势。

在旁边的唐老师看不下去了，他常常陪大明星拍化妆品广告，有经验，他冲上舞台，动了动我僵硬的手指，给我示范了几个动作。恍然大悟，这条才勉强过。

拍到最后一个镜头时，已是午夜 12 点，这个镜头是特写。法国导演自己扛着摄影机走上台，镜头离我的脸只有一个拳头，他不断用耳机让灯光师调整面光。此时，我对寒冷已经开始适应，好像已经冻僵了，就习惯了冻僵。

拍摄到了后半夜，大家都有些疲惫，等着调光的时候，我们开始聊天："我太太是上海人（旁边有个好看的女孩冲我招招手），她很喜欢你主编的 *ELLE*，她说你是个好编辑。"

我笑了，说："我还不是一个好模特，今天辛苦您了。"

法国人说："不不不，你有一种女人原生态的美，在镜头里很难得，你不需要饰演谁，做你自己就很好。另外，你怎么那么喜欢对着镜头笑？"

"习惯吧，我先生是摄影师，所以我一看见镜头就想笑。"

法国人大笑："So sweet（好甜）……不过，一会儿我们试试看拍你不笑的样子，你有一张轮廓很好的脸，不笑也很美。"

在他的鼓励下，我尝试了对镜头"不笑"，按照导演提示的，"脑子里想一些东西，通过眼睛表现出来，而嘴唇不动"，这听起来容易，做起来好难，我就像一个表演系新生，在学表演的最基本技巧。

# 6

凌晨 2 点收工，3 点回到酒店。

经纪人姑娘开行李箱，找到板蓝根和感冒冲剂。喝完冲澡上床躺平，依然觉得不可名状地冷，骨头缝里都疼，又爬起来，把浴缸放满热水。等着热水溢满浴缸的时间，想起唐老师白天说"靠脸吃饭"，忍不住想大笑。

小学时，我做老师的娘曾经很认真地对我说："女孩子不漂亮也是福气，不能靠脸吃饭，就只能用功读书，以后靠本事吃饭。"

听了妈妈那番话后，我从此笃定和接受了自己的不漂亮，所以长大后从没有过容貌焦虑，认定自己不算天生丽质，那就后天努力。

努力半生，在 50 岁这年的冬天，竟然体验了"靠脸吃饭"，这大概是命运给女人五十准备的奇特礼物。也许，命运老人家是要告诉我：**前半生脸上的美，靠天赐；后半生脸上的美，靠努力。**

为娇兰拍摄的这条广告，次年 3 月新品上市，品牌开始投放时，我收到好多朋友的微信："今天打开知乎，开屏竟然是你的脸！'上扬能量，轻出于兰'，哇！"

# 7

娇兰 TVC 拍摄后，深感自己急需增强镜头前的表现力，若想让法国导演口中"女人原生态的美"在镜头前淋漓尽致发挥出来，需要再学习。于是专门去请教演员朋友如何在广告故事里"扮演"自己，表演对我来说，是一门新功课。

边学边拍，当合作品牌开始破圈时，表演技巧更加派上用场。在西门子洗衣机的广告里，我是在秀场前后忙碌的时装品牌主理人；在进口牛奶 A2 的广告中，我需要用动作和眼神诠释"优雅"，那条广告发布，没想到一条高赞留言是："史上最优雅的牛奶广告……"

学无止境，即使只是在镜头里"做自己"，也需要悟性和练习。

# 人若乐观，天天都是艳阳天

2021 年 3 月 15 日，北京出现了奇异的十年不遇的沙尘暴天气，这一天是我们计划中的拍摄工作日。

早上 6 点半醒来，打开窗帘向外看，晨曦好像被藏了起来，天地间像被一块巨大的灰色网布覆盖，一时没想明白到底是雾霾还是大阴天，在工作群里发了一句："今天的天气很诡异。"摄影、化妆、造型以及工作室小伙伴，各自发了一个"奋斗"的表情。

计划中要拍摄的 +J 新装，这周就要上市，客户等着片子，化妆师弟弟 Sico 专程从上海飞来，摄影师 Vic 拍完要飞上海接另一个工作。总之，虽然老天不作美，但我们改不了拍摄日期。

那天有很多故事。

我的助理姑娘，正常情况下从她家到我家，打车 40 分钟可到，但这天早上在漫天灰尘与迷雾中，全北京的车都成了蜗牛，车行两个小时还没走到一半路，她本来要先到我家附近的酒店，接上 Sico 来家里化妆，化妆师从来没来过我家，小区很大，不太容易找到。谁能想到赶上了少见的漫天黄沙，能见度太低，交通瞬间瘫痪。

当 Sico 准时出现在我家门口时，我惊讶了："助理姑娘才走一半路啊，你一个外地人竟然自己找到这里！"

原来 Sico 和助理姑娘，通过数条微信，化妆师在茫茫迷雾中，一边听她的微信讲解，一边打开高德地图，在灰蒙蒙的清晨，一路暴走，找到了我家。虽然第一次敲错了楼门，但第二次就找对了门。北京那天大风降温，小伙子到我家时，已走得满头大汗。

助理小姐呢，在车行一半路程时，果断下车换地铁，在地铁上用"滴滴"叫了一辆新车，让车直接到我家，刚刚好赶在化妆结束时，她和车都到了，一起去拍摄场地。

我的经纪人姑娘，带着摄影师、造型师等另一队工作小伙伴，一早从北京城的四边八方赶到拍摄场地，一个美术馆的咖啡厅。搭衣架，熨衣服，把每一处都擦干净。重新做拍摄计划，研究在这样的天气，到底哪个角落有合适的光可拍摄。

我们看着衣架上当天要拍摄的衣服，每一件都适合外景。但竟然没有人愁眉不展，摄影师 Vic 非常淡定地说："我觉得还可以，沙尘暴还没有把外面的白墙吹黄。"

我听到这句，扑哧乐了。**人若乐观，天天都是艳阳天。**

开始拍摄时，风依然很大，土随时扑面。

最冷的是我，最惨的是发型师伟伟，因为短发一直在风中乱舞，他举着小梳子，随时准备按下狂舞的乱发，让我的头发在镜头前能有几秒恢复淑女的模样。

在持续了一天的沙尘暴以及朋友圈各种沙尘暴的段子中，拍摄有序地进行着。明明置身于一场意外的糟糕天气中，片场始终欢声笑语。这样的拍摄，是行业里最普通的日常。无数的时装编辑们，数年来在拍摄中成长。每一次拍摄的变数和无常，打造、修炼了一代又一代优秀的编辑们。

即使你不在这个行业，也常常会在工作中遇到这样的情况：万事俱备，只欠东风。可是老天不作美，东风没有来。怎么办呢？这几条供参考：

**准备要足够细致和充足。**没有人可以每次都考 100 分，但准备时，必须往 100 分去准备，以不变应万变。

**乐观的心态很重要。**糟糕的天气已至，不要让自己的心情也跟着糟糕。

**坚信并没有事情不可解决。**结果可能不完美，但比原地不动地抱怨要强很多。

在不顺利时，**迅速找出一件事的关键点，其他枝节果断放弃或妥协。**

**应变能力**，是职场里最重要的能力，也是生活中很重要的能力。

# 花了很多年才懂什么是吃苦

曾经看到一段动画片的台词，好有感触，标题是：什么是吃苦？

大多数人对吃苦的含义可能理解得太肤浅。穷，并不是吃苦。穷就是穷，吃苦不是忍受贫穷的能力。

吃苦的本质，是长时间为了某个目标而聚焦的能力，在这个过程当中，放弃娱乐生活，放弃无效社交，放弃无意义的消费，以及在过程中不被理解的孤独。

**吃苦是一种自控能力、自制能力、坚持能力和深度思考的能力。**

## 1

职场里，小辈仰视前辈的时候，总想问：成功的秘诀是什么？

在我年轻的时候，曾经听过自己仰视的前辈们的最多回答是：能吃苦，就能升职、挣钱，过上自己想过的日子。

花了很多年才真的懂，什么是"吃苦"。

分享身边几位我敬佩的职场姐妹真实工作状态：

认识某外企中国 CEO（首席执行官）姐姐十五年，眼看她从一个总监的位置做到 CEO。她很忙，我有事找她的时候，如果想最快得到她的回复，就一早起来 6 点半给她发微信，必是秒回，因为那是她的早饭时间。她每天早上 7 点半坐进办公室，自嘲说算不上"勤奋"，就是一个工作习惯。

依照姐姐的资历和职位，不必比公司前台还到得早，她说因为早上办公室人少，效率高，可以高效回复邮件，处理很多事。

我也知道她说的是对的，但是自己做不到每天早上7点半就开工。

## 2

有一位我的商学院同学，本来是上市公司CFO（首席财务官），和合作伙伴创业的公司几年前上市，身价近亿，实现财务自由。以为四十几岁的她会"躺平"，但热爱做事的人，永远不会停。她选择了新项目重新创业，为学习了解一个新的行业，报了数个周末课程，从一个学生做起，从头再来。

从头再来的代价很大，每天工作十几个小时，连超过一周的休假都舍不得，赶上三年疫情，公司发展很慢，她却始终执着向前，乐在其中。

她的故事让我觉得：财富自由不算成功，不断挑战自己才是人生值得。

## 3

一家民企的创始人姐姐和我同龄，二十五年前用800元起家，现在已是国内著名服装品牌掌门人。她的理念是一辈子做好一件事就够，为了这件事的付出，多苦也不算苦。她做了妈妈之后，更觉要留给孩子的不是她创下的财富，而是教会孩子如何"吃苦"。

姐姐在创业之初，几年都睡在办公室一张行军简易床上；曾经为了找到好的面料，一周去十座城市看工厂；在生意出现危机时，抵押自己家房子来付员工工资；曾经在数次生病时，坚持在生产销售第一线，公司员工背后都叫她"铁娘子"。

姐姐的女儿，从小读寄宿，高中开始在国外读书，妈妈只给很基本的生活费，女儿很早就开始在外打工。大学毕业归来时，妈妈很满意女儿的不娇气、不奢侈，还有独立的品性和能力。

# 4

比起身边这几位女友，自己只能算是一个过得太舒适的人，所以，从来不眼红人家更成功，因为人家能够吃得苦，我做不到。

了解前文"吃苦"的定义，对职场里做事的人来说，是有益的正能量与定心丸。

职场里最无用、泄气的话，就是抱怨自己命不好，或者运不好，比如遇到不好的上司，碰到下滑的市场，等等，这些都是外在因素。

在任何一个看起来似乎老板很糟糕的公司，也会冒出极其出色的员工；在任何一个看起来似乎毫无起色的市场，都会有品牌异军突起。

做事的人，更习惯内观。检讨自己是否已尽全力，是否需要调整努力的方向，这样的思维路径，很容易说服自己继续"吃苦"，摆脱对各种职场不公的愤怨。

常被年轻人问"职场是否有捷径"——能正确地吃苦，持之以恒地吃苦，肯定算捷径。

# 让长期主义成为人生价值观

看企业采访，有时看到企业家说："我们企业奉行长期主义。"就是不挣快钱，不走短途，不以蒙骗消费者等手段而求得高额利润，扎扎实实做产品，心怀百年大业，起手一步步来。

虽然不是创业者，不是企业家，但非常喜欢"长期主义"这四个字，是生活中无处不在的价值观。

**长期主义是一种耐烦的态度。**

为了皮肤好，要学会研究每种护肤品的成分，要不厌其烦地在柜台试用，要常常敷面膜……

麻烦不？很麻烦。

为了身材好和精神好，每周健身五次，要么跑步，要么普拉提，要么其他运动方式……身边不断有人问"怎么保持身材啊"，知道了答案，咧嘴道："一周要五次啊，好难做到。"

有人告诉你，看某一本秘诀书，就可以成才，就可以创业成功，就可以一夜致富，就可以长命百岁，那这本书无异于骗子。

有人忽悠你，某一种神秘手术，躺在那里几个小时，大肚子就变平腹，这是大骗子，尤其不能信。

掌握任何一种小小的技能，减去任何一两你不想要的分量，都需要有耐烦的长期努力过程。

所有的简易速达，要么骗人，要么骗己。

**长期主义是一种取舍。**

"取"是得到，做事有目的性，为了得到某一种利益，这是常态。

"舍"是放弃，需要一些智慧，尤其是名和利在眼前晃的时候，谁都不是天生就清高就有骨气，大部分人都要为五斗米折腰。

折腰归折腰，分寸和底线要有。

不是所有事，很多人去做，就一定适合自己去做；也不是大家一哄而上的事情，就是对的。

2020年在李佳琦直播间成功客串了半小时直播后，一哄而上很多品牌和渠道来聊直播。

有个做投资的哥们，帮我做了一份直播商务方案，结论是："雪，你要趁势马上杀入直播大军，这是变现的最快通道，机不可失。"

我对直播并无偏见，但无法说服自己"杀入"，总觉得自己欠缺某些素质，做不好这件事。哥们至今惋惜，说："错过一条金光闪闪的大道。"

错过大道选小路。我和团队认认真真、扎扎实实做内容，把内容先做好，再慢慢商业化，小路只是需要准备的事情更多些，并不是走不通。

人生很多窄门，不过就是没有那么人潮汹涌，看不见现金滚滚，可是坚持走下去，那条路，就是你的。

取舍是一生的难题。

**知道自己要什么很重要，知道自己不要什么不做什么更重要。**

196

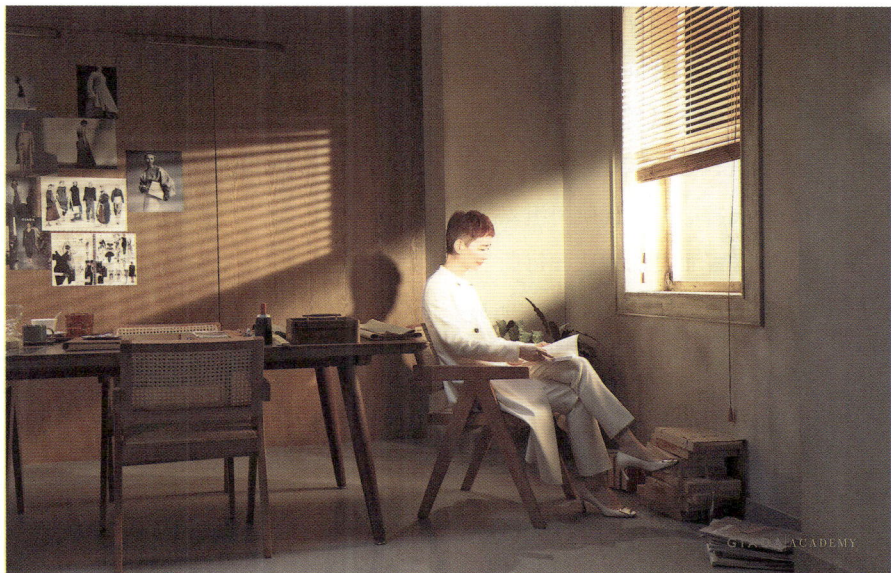

人生很多窄门，
像读一本难懂的书，
慢慢读，坚持读，
彼岸就在字里行间。

摄影 / 达生

**长期主义是一些笨功夫。**

这一年开始幕前拍摄，看拍完的视频才发现自己原来背已不够笔直，大概是多年伏案工作的结果。拍出来自己很不满意，就想练一练形体，不辜负扛着机器的摄像师小哥们。

请教健美教练，快的方法是上几堂形体课，跟着形体老师练习挺胸抬头；慢的方法，也是长期方法，建议去练普拉提，学会正确发力，增强核心力，让肌肉组织排列更好。

我选择了慢的方法，每周上两次普拉提课。

问教练姑娘："身体出现明显变化，一般要练多久？"

教练说："每个人不一样，我看到比较好的变化是坚持至少一年后。"我因为这句话简直爱上教练，她没有忽悠说"两个月或三个月吧"，尽管我相信每一个在课程之初这样问的学员，都期待一个短效时间的答案。

当我上满100节普拉提，身体和体态都发生了明显变化时，再回想认识教练姑娘之初说的话，更加感恩长期主义的益处。

生活中充满"快"的诱惑。

刷小红书和抖音，在音频软件上听书，都比看书获取信息要容易要省时间，为什么还要花时间抱着书看呢？因为只有看书这种阅读方法，会帮我们深度思考，帮你打开脑洞，帮你走到更广阔的世界，也帮我们最终认知自己，找到自己。

**长期主义是不势利的交友观。**

是不是在一些社交场合曾听到有人跟你说："这个人你要认识，会很有用。能给你带来资源，带来机会，带来生意。"

在人与人的交往中，"有用"二字，只意味着彼此的利用价值，不是友谊的真谛。

那些和我们岁岁年年的朋友，是因为曾一起经历繁华，也一起经历落寞，陪伴才是最长情的告白。想要找到真诚以待的朋友，需要我们自己先具备真诚以待的长期主义交友态度。

愿我们从此对各种"速成"的短期做法产生一点怀疑。在生活和职场很多个十字路口，试着选择那种看起来很笨拙很辛苦，却是最扎实最牢靠的"慢"的方式。

那种一步一个脚印的"慢"，将最终帮我们抵达理想彼岸。

# 利他才是利己

利他心，是一种思维方式，也是一种为人处世方法。

学会利他，才是利己。

**利他心，是职场特别好使的一条秘诀。**

在做一件事的时候，我们除了考虑自己的利益，是否充分考虑到了用户、客户或合作者的利益？

在一份工作中，如果你是甲方，你是否充分考虑到乙方的利益？如果你是乙方，你是否充分考虑到甲方的利益？

通常的定向思维是，我们为了拿下一单，首先考虑到自己的利益。在这个过程中，大部分人不习惯去斟酌对方的利益。

很多没成功的合作，就输在这一点上。

一个用户，当他发现自己买的东西，并不如之前广告或直播里宣传的那么好，就不会再买，也不会推荐给其他人，还会给产品留下一条恶评。一个客户，当人家发现你为了既得利益，已经自私到不考虑甲方利益，这一单一定丢，即使勉强拿下也不会再有下一次。一个合作方，若发现你缺乏诚意，甚至偷偷算计对方，合作早晚会陷入僵局。

职场里，一个有利他心的人，才会成为受欢迎的长久合作者。

**利他心，也是生活中为人处世的一条秘诀。**

也有人说:"利己是天经地义,不利己怎么能为自己挣得更多。你看谁和谁撕得天翻地覆,谁把谁踩在脚底,不就是为了自己可以赢?"

赢也要赢得好看吧;赢也要赢得有朋友,多少年后想起来不后悔吧。

**利他心,是一种与人交往的思维方式。**

如果你习惯用这种思维方式做底线,虽然不是局局可赢,但至少不会输得很难看。

想想看生活中那些受人欢迎的朋友身上的特质,一定有热情、仗义、大方、乐于助人等特征,这些,都是利他心的表现。

这几天接受了好几个采访。其中有一个问题是:"雪姐,你在两本书里都写过:女孩要学会爱自己,才有更好的能力去爱别人。那么爱自己和利他心有矛盾吗?"

爱自己,是让自己成为一个更好和更好看的人。有些是自我修行,比如打扮得体、多读书、常恋爱、勤锻炼,具备各种能力;有些是做事做人的修行,如何待人接物,如何漂亮完成工作,如何淡定渡过困境……

这些修行的前提是不伤害别人,所以和利他心不矛盾。

都说女人四十后,相由心生。我们去庙里看观音,仰头拜见观音的面,就像见到"慈悲"二字。老人们说:遇到难事默念观音菩萨法号,老天就会来帮你。

人们这么爱观音,是因为这尊菩萨普世无私的利他心啊。

女人四十后,相由心生,青春和青涩从脸上褪去。我们不敢奢望自己有观音相，但至少希望自己脸上有一种柔和与静定之美。在视频号一条关于女人与面相的内容后的留言中，网友的这句留言我很认同："每个成年女人都有必要修慈悲心，心里有慈悲，面上才有平和之美。"

柔和与静定，柔和就是心肠软，静定就是心里稳。有利他心，常想着别人，常伸手帮忙，这是心里软；别人也常想着你，落到谷底时，都有人接着你，这是心里稳。

## 让结果见鬼去吧

看了一本闲书，是《纽约时报》一位畅销书作家写的《我不想在大海中独自醒来：水獭的哲学小书》。

书中的观点是，人类要学习水獭的獭生哲学，要有一颗"玩耍的心"。一个人要玩得开心，就要放弃结果，太在意结果的输赢，那就不是真正的玩家，最重要的是失去了快乐。因为快乐，都在过程里。让结果见鬼去吧。

前段时间在公号留言里，有个姑娘说："羡慕雪姐为校对自己的书在忙碌，我每天苦熬项目方案到半夜，且面临方案出去石沉大海或者一半可能都是失败的结果，觉得自己好苦啊……"

我非常熟知这样的"苦"。

过去几年，传统媒体为了更好地生存，进行各种转型。媒体除了做自己的内容，同时也是客户的创意公司。无论是销售还是编辑，都在为客户"苦熬项目方案"。

那时 *ELLE* 的广告总监，是个特别乐天派的姑娘，她习惯晚上8点左右来我的小办公室找我。先发条微信问"在吗"，我回复一个"来"。然后，小高跟鞋哒哒哒跑过来，手上抱着笔记本或者一摞方案打印稿，劈头盖脸地将一堆客户问题抛过来。

我有时很冷静，能迅速帮姑娘想出好点子；有时也会迷惑，不知道那个让客户买单的好点子到底在哪里；有时成事，编辑部和广告部的小伙伴们开心得想在办公室开瓶香槟；有时败了，小抱怨几句，也没时间抹眼泪，赶紧投入下一单。

日复一日，我像迷上做内容一样，迷上商业创意。

做内容，主编说了算；做商业创意，需要很多人说了才算。你必须摆脱一个编辑自恋的心态，必须接受你自以为很棒的创意，可能被客户骂得狗血喷头。当然，也必须接受忙活得没日没夜的案子，以为胜利在握，但最后竞标失败。

让创意被更多人看见，让创意产生更大价值；学会用一个更广更宽的维度，重新做内容；坦然接受每一次竞标失败，从每一次失败中学到真知——这些对传统杂志主编来说，是巨大的成长。


我有一对年轻时有幸认识的忘年好友——琉璃工房的创始人张毅大哥和杨惠姗姐姐，他们长我近二十岁。

家里玻璃柜里，有件蓝紫色的琉璃摆件叫"四不像"，是二十多年前惠姗亲手做的作品。她送给我的时候说："你看着柔弱，可性子倔强；瘦得一阵风就能吹走，可那么喜欢当姐姐照顾别人；以后不像是只做女强人，也不像是只在家的贤妻良母……总之，'四不像'女人。"

很多年前，琉璃工房在上海建厂。张毅大哥开车到市里接我，去郊区的厂房看惠姗。那天她穿着一件粗布工作服，戴着口罩，像车间里所有工人一样。只有那双闪闪的大眼睛，让人隐约记得，她曾经是风华绝代的影后。

因上努力，

没有拼尽全力才是遗憾。

果上随缘，

成长比成功更重要。

摄影／付泉浩

那天惠姗给我讲了每一件琉璃作品进炉过程的感受。琉璃的制作工艺，非常复杂，说起来只有几个字的"脱蜡铸造法"，他们经历了数年学习和失败。进炉是制作很关键的一环。从炉里出来，才知道这件作品是否成功。

惠姗说，每次炉子一响，心跳加速，拿出来一看，又失败了，别提多沮丧和多心疼。

尤其是琉璃工房创业的早期，那种失败的心碎，每天经历，是常态。后来就没有眼泪了，可以笑对失败，从头再来。

那时我二十几岁，对惠姗讲的痛很难理解。问她："那为啥要坚持做这个？每天多难受啊！"惠姗说："除了理想和爱，最大的乐趣是过程，想明白了这点，结果不再那么重要。**做成是一次结束，做败是另一次开始。**"


穿着粗布工作服的惠姗，当时的这几句话，对我之后二十年职场，都有深刻的影响。

不是说结果不重要，做事，毕竟是为了成事。

如果可以从另一个角度解读"结果"，心态会非常不一样。结果不是唯一重要，也不是最重要的。最重要的，最享受的，最值得的，是过程，那个你孜孜不倦、为之努力也因此而成长的过程。

**因上努力，果上随缘。**

不怠慢每一个方案，认真去做每一次竞标，这是"因上努力"。很多人，并没有做到全力以赴，那就不算"努力"，你没有足够努力，为什么要抱怨失败？

不因成功而自傲，不因失败而气馁，这是"果上随缘"。如果不是超人，不是天赋极高或运气极好的人，对办公室里芸芸众生来说，失败，就是你中午点的那份三明治，今天可能是牛肉的，明天可能是三文鱼的，后天可能是素的，味道不一样，反正吃了都能饱，饱了下午都可以继续干活。

不要因担心失败而抱怨自己太"苦"。如果对结果看太重，那过程中的乐趣可能都被忽略了；若过程中也无乐趣，那是自己该适度调整对手头工作的期望值了。

**不要错认为乐趣是工作给你的，所有的乐子，都是自己找的。**

在当下各种不满意的生活或工作中找到乐趣，并一点点改变境遇、提高自己——这是凡间烟火女英雄，最值得称赞的能力。

## 管理时间就是管理欲望

很多姐妹问我：

请问你的时间管理秘诀是什么？

每周坐飞机上班，孩子怎么弄？

怎么能有时间读那么多书？

高级工商管理硕士学位如何读下来的？

其实，时间管理没有"秘诀"，上天给每个人每天都是 24 个小时。所谓"秘诀"，就只有这句话——**想明白，你在那一段时间，那一刻，最想要的是什么**。把其他事放下，尽量专注地去做你最想做的那件事，且最大程度地做好。

每个人在不同的阶段，最想要的东西不一样，没有对错。

对女人来说，生活和欲望的节点，常常和婚姻及孩子有关。

我有一个风风火火的事业型女友，某国际品牌中国区总经理，大龄晚婚。她几周前刚做了妈妈。她在怀孕到七八个月时，依然满脑子工作，劝都劝不住。最近跟她微信，话头未启，她总是先发一张小宝贝的照片，然后说，生命太神奇了，女儿每一天都不一样！接着的话题，女友依然回到工作。她说自己一边喂奶一边思考，感觉世界比以前温润很多。佩服这个女友。我坐月子时，只有手忙脚乱。发生过糊涂的娘把双胞胎女儿完全搞混的故事，先喂了一个，然后又喂了同一个……

　　还有一个女友，她的选择也很棒。30岁出头辞职五年，五年间生了儿子，又生了女儿。二宝一上幼儿园，妈妈重归职场。她做主妇的五年，不仅操持家务，养育儿女，还兼职给两家小公司做顾问。她说不想因为生孩子，而和世界断了联系。在38岁时回到办公室，依然是职场丽人。佩服这个女友的计划性以及实施计划的准确性和强大韧性。我38岁生双胞胎时，恰好赶上她38岁回归职场，深得她的鼓励。我到今天还记得她给我的建议：去努力花时间找到一个好阿姨做帮手，养娃的琐事很多，需要一个专业帮手，不能在那些琐事里丢了自己。

　　最近在看凯特·布兰切特主演的美剧《美国夫人》，片中女主是七十年代六个孩子的妈妈、家庭主妇，要身形有身形，要思想有思想。丈夫是成功企业家，她没有选择做贤惠的花瓶妈妈，她喜欢研究核问题，学习军事历史，对世界局势有自己的看法，有远大的政治抱负和强悍的实践能力。所有家庭主妇的责任，照顾孩子，烹饪糕点，她一样都不少，但活出了一番大女人气概。

　　没有一个职场妈妈，有完美的24小时。如果真的从内心正视这一点，会原谅自己的顾此失彼。

　　孩子需要陪伴，但不需要24小时陪伴。孩子小时候大部分时间会和阿姨度过，必须说服自己释怀这件事。孩子会哭，会闹，会有这样那样的问题，每个孩子都是这样长大的，我们自己也一样。在职场妈妈有限的时间里，高质量地陪伴娃娃，和孩子一起玩个游戏，培养孩子好的习惯，建立正确三观——这些，需要的时间并不多。

我从出生到 7 岁，我的妈妈都在北京远郊区县大山里的学校教书。在当时的条件下，她只能每一到两个月回家看我一次，在家待两天，又匆匆长途跋涉赶回山里。直到我上小学，妈妈才调回城里教书。

如此遥远的距离和如此有限的陪伴，没有影响我们的母女关系，也没有耽误我"成才"。只是妈妈后来常常絮叨："都没有怎么抱你，你就长成大姑娘了……"

按照今天的标准，妈妈肯定不算"合格"的妈妈，几个星期才陪女儿一两天。我确实不记得妈妈是否给我换过尿布，是否被她抱着入睡，但我记得她言传身教的每一点正念、做事和做人的道理，以及一颗爱美的心。

我在中欧商学院读 EMBA 和后 EMBA 的三年，是自己 41 岁到 43 岁的时光，是双胞胎小妞 3 岁到 5 岁的年纪。

如果在课堂上，焦虑"孩子是不是还在发烧；邮件还没回完，明天还要出差"这些问题，那辛辛苦苦来上的课，就会打折扣。如果在办公室里，无时无刻不琢磨"孩子今天吃得好不好，晚上到家她们已睡又抱不上了"，那处理事情的效率就会变低。如果在家里，和小妞们玩游戏过家家，满脑子想工作上的糟心事，时不时看手机，那陪伴孩子的质量会很差。

**掌握时间的秘诀，不在时间里，而在于每个女人的心态。**

想认真做事，那在办公室的时间，就把孩子先放一边；想做好妈妈，那在家陪娃的时间，就把工作先放一边；想提高自己，读书、上学、修行，和比自己学识、见识高的人取取经，那就把前两件事先放一放。

**时间总是随着人的欲望而忽长忽短。**

你内心真正想做并且想做好的事，一定挤得出时间。你最享受的事情，无论是工作、恋爱还是陪娃，永远都是春宵一刻。反之，你不耐烦的事，总是觉得时间过得好慢。

**管理时间，其实就是管理自己的欲望。**

在社交媒体丰富的当下，若盯着手机刷，很容易两小时就过去了；管理时间的秘诀，是在手机上做减法。

每周花一分钟问自己：这些信息都是自己想看的吗？是必需的吗？是有益的吗？若大部分回答是"否"，不如用这些时间，去和朋友聊聊天或自己看看书。哪怕收拾下衣柜或者做个甜点，都比无目的地一直刷手机消耗时间，有意义。

## 生命中的贵人：胡爷的故事

我大学毕业进入职场遇见的第一位贵人，就是在《优雅》中写到的"胡爷"，我至今记得第一次见到他的情形。

那是我大学毕业的第一份工作，一家港台文化传播公司的北京办事处，办公室在九十年代初北京最豪华的酒店贵宾楼饭店。

胡爷从香港莅临北京办视察前一天，办公室里的姐姐们说，明天将要来一位很厉害的老板，听说他不仅业务厉害，连办公室里每个女员工穿什么都管！眼光独到犀利，张曼玉当上港姐的那届选美，他就是评委呢。

第二天，传说中的胡爷出现了，60岁左右，穿着看似随意，但细节讲究，衬衫上有袖扣，皮鞋是一种我叫不上来颜色的暗棕色，还有一双带着条纹的彩色袜子，裤线笔直。胡爷一进门，一边笑呵呵地和我们打招呼，一边用余光迅速地打量每一个人。

我记得自己那天穿了一件真丝白衬衫和一条棕色百褶裙，配细跟白皮鞋。胡爷路过我的工位时，听完我的工作汇报，低声说了一句："衬衫要熨平，另外可以加一条丝巾，去去学生气。"

几天后，有一次陪胡爷外出办事，车上他老人家先是夸了我当天的穿着"有长进"，然后问我："喜欢看什么书？给我讲讲莎士比亚或者苏东坡。"

我紧张了，结结巴巴讲了几句。

胡爷说："女孩子要气质好，外表只占三分，还有三分靠读书，最后四分靠阅历。你刚出校门没多久，阅历还要等些年，但是可以多读书。"

胡爷每次来北京，都盯着我的穿着，搞得我有点不知所措。有一天午后，跟老爷子求饶："胡爷，我工资很低的，不够买新衣服呢。您要求高，我每天都不知道穿什么好呢！"

胡爷大笑，说了一段影响我一生的话："穿得好不好，和钱有关系，但不是正比关系。**穿得好不是钱堆出来的，很多有钱人也穿得很没品；而穷困潦倒的人，也可以穿得适宜、体面。**比如你跟我讲过的，'文革'时期去扫厕所也穿得很体面的你的姥姥。"

"我要求你穿得很干净，熨得很平整，这和钱没关系；我要求你搭配要讲究技巧，要看起来称自己的肤色，这和钱没关系；我要求你不能连着两天穿同一套衣服，再穷的人也有两套像样衣服吧？"

"我建议你系条丝巾，但没说让你去买一条爱马仕丝巾，当然日后你挣钱多了，胡爷会告诉你必须去买爱马仕丝巾。现在你就好好系一条几十元的丝巾，也可以端庄。"

九十年代，王府饭店是北京的名牌店聚集中心。每次路过，我只敢仰望外面的橱窗，连进去的勇气都没有。胡爷有一天下班后叫我："小姑娘，带你去逛逛王府好不好？"

一听胡爷要带着自己去逛街，又窃喜，又担心，问胡爷："我的工资，连买那里的一只裤腿、一只袖子都不够，我……"

胡爷说："所以要带你逛，开开眼，又没让你买。"

胡爷带我逛了王府每一个店，耐心给我讲每一个品牌的历史、设计、有趣的八卦。一层大门左手，是乔治·阿玛尼（Giorgio Armani）专卖店。

胡爷说："这家衣服是给大白领穿的，去试两套衣服。"

我一听，惊到了，快哭了，拽着老爷子的胳膊往后退："我要给人家衣服试脏了怎么办？我赔不起啊！"

胡爷的话，这么多年过去了，我至今记得一字一句——

"你记着，小姑娘，这些衣服，就是给你准备的。因为你爱漂亮，有才华，又足够用功。因为你够坚韧和坚强，能吃苦，能扛事。你要相信，有一天，你买得起这里的衣服，现在，你要学会有胆量在这里试衣服！"

我非常不自信地在胡爷的指导和鼓励下，去试了几套衣服。店里那面漂亮的穿衣镜里，是手足无措的自己。

胡爷叉着胳膊，上下打量，然后说："不错呦，过十年穿，刚刚好。"

胡爷还说："好好记得镜子里你的模样——大气大方，柔里带刚。穿衣这件事上，忘记男人，不要信'女为悦己者容'那套说辞。你要做大女人，女人穿衣，首先是给自己看的。"

胡爷也让我陪着去北京的胡同里转，去周末潘家园旧货市场。有一次去逛旧鼓楼大街，我指着地安门一家多年的新华书店对胡爷说："小时候，妈妈觉得买书贵，一半书是妈妈从图书馆借给我看的，还有一半就是在这家书店。周末来看姥姥的时候，跑出来钻进这家书店，站在这里看完好几部名著……"

胡爷微笑着说："小时候穷一点最好了，长大了容易懂得珍惜。"

然后又说:"有一天你会挣很多钱的,你现在的努力是六七分,加到十分,会跑更快。要不要和胡爷打个赌,胡爷觉得你十年后可以年薪百万。"

我当时想,妈呀,我已经忙得一年不超过十个休息日,永远在加班和出差,这只能算六七分? 那十分不是要了命吗? 现在一年才挣几万元,十年后就可以年薪百万,连我自己都不相信。

胡爷大概看出了我的心头嘀咕,特别肯定地说:"老头子我阅人无数,不会看错的。你现在很多时候使的是蛮劲,经验太少,吃亏不够,等你多折腾几回,才会知道如何使力。"

陪胡爷去一个豪华的酒店派对,见到传说中的明星名流,都穿着正装礼服,每个人都华丽丽的。那个年月还是交换名片的时光,穿着一条普通棉质白裙子的我紧张、踌躇,不知道要怎么表现才大方,就躲在胡爷后面,攥着自己的名片,都出汗了,也不好意思去和人家打招呼换名片。胡爷把我拉过来说:"挺直你的小腰板,一个人最好的名片就是自信!"

记得有一次陪胡爷参加一个晚宴,我的闺蜜正好刚刚订婚,未婚夫家里殷实,送了一个钻戒,还有一根细细的钻石手链。闺蜜听说我要去一个豪华晚宴,豪爽地摘下手链说:"借你戴一天,女孩身上有钻石,那就贵气了!"我戴着闺蜜的钻石手链参加晚宴,因为很怕丢了,左手时不时地在摸右手上的那根手链,被胡爷看出来了,他又好气又好笑。我跟胡爷说了实话,问老爷子:"是不是今晚显得'贵'了一些?"胡爷说:"记得莫泊桑的《项链》吧? 不是自己的东西,多贵也是累赘。你看你紧张得一个晚上都离不开那根手链。

让一个女孩'贵'的，可不是钻石，而是自信大方的气质、有学识有阅历的底气。"

从不自信到自信，时光好像是一位在打磨青涩女孩的好师傅。

离开胡爷十五六年后，我任职 *ELLE* 中国版主编期间，一次去香港出差，在半岛酒店和客户喝下午茶。偶遇已一头花白头发的胡爷。我惊喜地起身，一瞬热泪盈眶，老爷子紧紧抱住我，松开后眯起眼睛，从头到脚细细打量我，拍拍我的头："我老头子眼光不错呦！现在是不是想穿的衣服，都买得起了？"

我也眯眯笑，故意指着对面海瑞温斯顿（Harry Winston）珠宝店说："那里面的大石头，我还是买不起。"

胡爷大笑："你自己已经是一颗钻石，还要那些石头干吗！"

小聊几句，我恭敬地送胡爷到酒店门口，胡爷说："前半生努力追求外在的东西，吃的穿的用的，让自己光鲜起来；后半生努力修行内在的东西，才是老有所依，会越活越自在。记住哦，小姑娘。"

这么多年，我小心收藏着胡爷对我说过的每一句话，有些话觉得自己好像忘了，可是常常蓦然在某一刻某一时，就会跳出来，提醒我，督促我，点醒我。每一次回看自己的青春，眼前一定会浮现那个第一次见我，低声说"衬衫要熨平，另外可以加一条丝巾"的老爷子……

# 闲话"躺平"

"躺平"的观点散遍网络，有好多网友留言，希望聊聊年轻人的"躺平"。分享身边两个"躺平"的故事。

女友做电视美食节目主持人，在当下直播热浪中，我本来以为她会用她的专长，加入直播大军，好吃好喝卖起来，据说收入可观。她积累了二十年主播经验，却在40岁出头的时候，选择去遥远的乡下，种地种花，研究如何培育新鲜环保有机蔬菜水果，每天过着日出而作、日落而息的生活，其乐融融。

无独有偶，我在 ELLE 的第二任助理，是个聪慧灵巧、貌美如花的姑娘。全心全意培养她，从助理到专题编辑，能写文章能做公关。姑娘有才华能吃苦，大家都看好她，期待她未来在时尚圈大展拳脚；结果她不到30岁辞职，先是开淘宝店，后来搬到北京远郊区县，养鸡种菜，彻底务农。我常常收到她亲手做的草莓酱或罗勒酱。这两年每周给我递一箱她自家小农场出品的新鲜蔬菜。

羡慕这两个女友神仙般的"躺平"生活，但从未想过自己要去乡下租片田地去种菜。我如此眷恋城市生活，更爱每个月修指甲、常常看展览、下楼就有面包店洗衣店普拉提教室、出门不远就是书店和商场、人潮汹涌人声鼎沸生机勃勃的日子……说到底，我无法忍受"躺平"生活的寂寞。

"躺平"并不易，要耐得住寂寞。你舍弃了繁华，就不要抱怨繁华从此远离你。

还要自己想通透，如果同学创业成功或获得某个荣誉，买了新房晒了新车，不眼红不吃醋，心里不闹腾，继续安心自己的"躺平"生活。

"躺平"，其实只是一种生活选择。选择并无对错，自己无悔就好。

怕就怕患得患失。今天看见人家奋斗成功了，立志要奋发图强，然后又抱怨生活太苦，熬不出头。明天看见人家"躺平"了，忙着去找桃花源，然后哀叹连一个名牌包都没有，老天对自己为什么这么不好。

**这世间，清静寂寥是好日子，繁花似锦也是好日子。**

"好日子"可以有很多种诠释，重点是你如何定义自己的好日子。

对一个和尚来说，每天吃斋念佛是好日子；对一名老师来说，多培养几个有前途的学生是好日子；对一个生意人来说，每年账上的数字成比例增长是好日子。

有的人，看到书上名画的图片就满足；有的人，要到美术馆看到真迹更满足；还有的人，要在家里客厅看到名画才是一生得意。

环境不同，眼界不同，欲望不同，并无对错之分。

我二十年前上大学的时候，曾经收到一位大哥哥的生日礼物，是一支法国名牌口红。激动雀跃两个月，舍不得用，当宝贝一样供床头。

我同事的女儿，也在大学，上周过生日，收到一大盒法国名牌口红，里面有三排二十四种颜色。同事女儿爽朗地分给宿舍同学，当晚一屋女孩试用了所有颜色，自拍、刷朋友圈和小红书。同事说："然后，女孩们的快乐好像就结束了。"

二十多年前，我窝在宿舍里立志，要努力工作不惜力，要过上不靠别人送，只要想要不只在生日就可以随时给自己买一支名牌口红的日子。

不知道同事女儿的志向是什么，是早早"躺平"，还是日积月累苦其心志？

我做到了可以随时给自己买一支名牌口红，可是做不到随时给自己买块名表或买颗钻石。人的欲望是无限的，想要而得不到，是很多不快乐的根源。

想让自己更快乐，就安于自己当下的能力，只要足够努力。买得起的就买，买不起的可以看，看不见的那就算了。总要给下一世留点奋斗空间——我有时会嬉皮笑脸地这么对自己说。

最近大家热议的"躺平"，是放弃了自己觉得没有意义的努力，连口红也不要了，有蓝天白云就好。若有年轻人如此佛性知足，那也不是一件坏事吧。

对像我这样并无勇气彻底"躺平"的大部分人来说，"躺平"只是一种解压方式。偶尔出走，就像我们每年年假，"躺平"十天，是为了第十一天跑得更快。

作为一个天天喊着天道酬勤的中年人，并无权利对年轻人的"躺平"观念指手画脚。该不该"躺平"，是年轻人自己的事。

时代不同，每个人想要的理想生活的样子不同，每个人都有权利做自己的选择。

工作，
勤奋地工作，
让一个女人
有心气、有勇气、有底气。

# 职场打工人年终必读

从 21 岁到 49 岁，我在四家公司工作过二十八年，有过二十八次"年终总结"。从职场"小工"到朋友们口中的"打工皇后"，经历四个完全不同风格的公司和很多个不同风格的老板。

年终总结不仅对公司对老板很重要，对每个打工人也很重要，哪怕你只是公司里最普通的职员。一个职场人，如果习惯每年用几天时间小结自己的工作业绩、努力方向、职场心态，对下一年的成长将大有益处。

大学毕业第一份工作的办公室，在九十年代北京的豪华酒店贵宾楼饭店里。那时还没有"大众点评""饿了么"和"美团"，大家忙得顾不上吃饭时，常差遣办公室里最年轻的我去外面买零食。

贵宾楼出门右转拐角巷子里，有个烤白薯小摊。我喜欢给自己买块烤白薯，一路香喷喷地吃着往回走。那时领导开玩笑叫我"烤白薯妹妹"，她常说一句意味深长的话："别看不起人家卖烤白薯的大姐，人家是老板；咱们虽然在五星级酒店上班，但咱们是打工的。"

那句话让我每次路过白薯摊时，都对烤白薯大姐肃然起敬。

很多年后，身边朋友们都叫我"打工皇后"。只要是打工，"皇后"也有老板，而且有时不止一个。我的职场经历里，曾经同时向三个意见经常不一致的老板汇报工作，在诸位老板夹缝中生存的那段时光，相当历练，职场情商有大幅度提高。

年终总结对打工人来说，意味着两件事：

过去一年的总结，能拿多少奖金过春节。

未来一年的期许，是不是能升职提薪。

自己大学毕业后在外企从助理做起，做到主管，做到总监，做到一个品牌的 CEO 和主编，上对一个或几个老板，下对几十几百名员工的团队，每到年终，总有一段时间，每天在上面两个问题中打转。

小结了几条有氧的职场年终心得，愿对打工姐妹们有启发。

**虽然是打工的，但必须把自己的利益和公司的利益绑在一起。**

无论是打工皇后还是打工小妹，打工人很重要的职场理念是：要把自己和公司的利益绑在一起。你再努力再辛苦，如果公司不赚钱，你拿到的不会是大红包；如果公司这一年利润好，你即使表现一般，也是受益者之一。

特别不赞同职场里吃里爬外的行为，为了个人一时得失，损害公司利益。若想人不知，除非己莫为。这样的行为，会成为一个人职场生涯的黑记录，非常不值得。

**老板就是老板，不要沉浸于没有意义的争执。**

我遇到过很好的老板，也遇到过不合的老板。只要打工，你无法决定自己的老板是谁。但每一个做我们老板的人，一定有你我可能看不到的他对公司的价值。

每个百人以上的公司，都像一台系统复杂的运行机器，每个螺丝钉要做的，是各司其职。你无法控制老板怎么想、怎么决定。

做好自己手头事更重要。不必花时间去和老板争个是非对错，意义不大。而且，和老板吵架，很耗费自己的精神气。

**公司给的和自己期待的有误差，是打工人常态，不必放心上。**

当你看到公司最终的奖金通知时，觉得银子有点少。这事和级别、工资无关，是打工人特别正常的想法。

在一个公司里，级别越高，责任越大，也越辛苦。

助理埋怨每天打杂打不完，可还是个助理；总监觉得一个案子又一个案子，忙得看不到头；部门领导也很苦，做得不好，大老板会飙，做得好又不断给加指标……

所以，觉得自己付出多又怨银子少这事，不分级别，上下都一样。如何化解呢？

我有了怨气时，就想起当年那个烤白薯小摊，对自己说：那你怎么不创业？你怎么不去支个摊子，你想给自己发多少钱就给自己发多少？这方法很阿Q，但挺管用。

自己对工作付出的评断，是一笔复杂的账，会把自己的委屈、自己的健康，甚至家庭和感情等，一概算进为工作而付出。而公司和老板，只有一个标准，就是你给公司带来了多少效益。理解了这个误差，打工人很容易摆平自己。

**有一项比奖金和职位更重要的指标，叫"个人成长"。**

打工的，永不要忽略这个指标。

我们只是打工人，做一辈子也不能成为企业家。当工资不再有大幅度增长，当职位进入瓶颈期，我们的成就感在哪里？在于个人成长。

虽然成功是显而易见的、被大部分人追求的结果，但对绝大多数人来说，包括我自己，成长比成功重要，且重要很多。

你在同一个职位做了十年，一年比一年做得更好，职位没变，可是你成长了。

你做同一份工作做了十年，工作内容没变，可是你效率高了，这是成长。

你换了一个全新的工作，挣钱没有以前多，可是你学到很多新东西，这是成长。

**这世上，并没有平庸的工作，只有平庸的人。**

只要你不想平庸，所有工作，都有做得更好更快更出色的空间。

前文《胡爷的故事》里的职场前辈胡爷，对"挣钱"是这么看的："小姑娘，钱很重要，有钱能活得更漂亮和更体面，但挣钱是一辈子的事，不要只看眼前。如果你看不到一生那么远，至少往前看十年，你就会看到——比钱还重要的，是你的成长。"

我在这家公司工作几年后，决定去嘉禾电影公司。胡爷虽然舍不得，但爽快批了我的辞职，还请了一顿大餐。那顿晚饭上甜品时，他说："我这里，你就是读了几年研究生，下一个地方，你要去读博士。不要松懈，记得你还是个学生，完成自己的进一步成长，比其他事都重要。"

很多年后，我用胡爷这些话，鼓励过很多年轻同事，包括选择离开 *ELLE* 去其他公司发展的同事。

很感恩初入职场，遇见胡爷这样严格、通透与睿智的前辈。职场如人生，亦有传承。遇见一个好老板，是打工人一生的福气。

若你运气暂时不好，遇到一个糟糕的老板呢？与其泄气抱怨，不如让自己埋头苦干，在不尽如人意的环境里，依然可以有所成长。这样，你才是为下一个更好的工作环境，做了足够的准备。

胡爷和姥姥都说过："谁也不会一辈子好运气，谁也不会一辈子坏运气。"

## 愈慌乱，愈需要安静成长

成长并不是年轻人的事，人的一生，都需要不断成长。

我们这一代人，生长于和平年代。多年前虽然在北京经历过"非典"，但那场疫情的影响，远不能和肆虐全球如此之长的新冠相比。从前不觉得生长于这个时代是多么的幸运，因此也不觉得自带脆弱与娇气、傲慢与戾气。

当生活节奏被打乱，很多事情发生改变，重新审视生活与内心，在无法预知这场疫情哪一天会彻底结束的那些日子里，才发现成长，依然重要。

**知道自己要什么和能放下什么，是成长。**

2020 年春天和一位巴黎老友聚。她在巴黎工作和奋斗多年，在北京的父亲急病，买不到直飞的机票，经过漫长的转机和落地再隔离后，终于可以见到父亲，并安心地照顾老人。她没有再回巴黎，准备在国内开启小小的新事业。我去过她在巴黎的家，很美很梦幻，一听她说暂时不回去了，我"哎呦"一声说："那么美的房子可惜喽。"

女友笑笑说："人不能贪心，不能什么好都占着。回到北京重新开始，陪最爱的爸爸最后一程，挺好的。人到中年，最重要的成长就是终于搞明白自己最想要的是什么，又能放下什么吧。"

女友的父亲在她回国后半年病故，她虽然难过，但还是很庆幸，爸爸最后的时光，她在身边。

**偶尔禁足，也算修行。**

身边有很多家在台湾或香港，人在上海、北京工作的朋友。从前两岸四地飞，虽然辛苦，也算方便。疫情让大家有家难归。疫情三年的圣诞和新年，不少朋友请假回家，和家人团聚两三天，代价是两地 28 天的隔离。

朋友圈里看到她们的隔离日记，有人研究如何在 15 平米的屋子里，每天走够 9000 步；有人在练大字看长篇；有人做速食食品报告；还有人居然在写诗……

一个朋友说："反正在办公室也是天天电话会，在这里一样开，没什么受不了的。"另一个朋友总结："长这么大，没有在一间屋子里足不出户半个月，以为会很恐怖，其实也还好。人生这么长，偶尔禁足，也算修行吧。"

经历自己以为不能承受的事，并且安然度过，这是成年人耐受力的成长。

**接受变化，像小强一样越战越勇。**

有个开餐厅的女朋友，她这一年的生活，就像过山车。先是疫情严重时全城被要求关店，于是带领员工做外卖，自己上手设计外卖的包装，给每一个点外卖的客人亲手写张温暖的卡片，并骑着自行车和员工一起送外卖；疫情暂缓时，店里生意刚刚缓上来些，又一夜之间餐厅附近成了中风险地区，只好再次关店，做外卖升级版。餐厅财务眼看着入不敷出，出现赤字，以为她要被打垮了，结果她说，准备扛过这个春节，重新装修餐厅。因为等大家都能出来随意吃饭的时候，肯定期待比以前更好的用餐体验。

她有孕在身，挺着七个月的肚子在群里说："孩子要生，餐厅要开，我就是一只打不死的小强，哈哈。"

进入 2023 年，刚生了娃没多久的她，已经每天在宾客满门的餐厅里招呼老客人，认识新客人，老客人惊异于餐厅什么时候做了装修并更新了菜单，新客人很快就成了回头客。女友说：生活心疼小强们的顽强，最终总是多给小强一点运气。

**学会专注，做一个有主心骨的人。**

我还有些朋友，是对事业极其专注的人，不看微博不刷抖音，关心世界局势、国家大事，但对娱乐八卦毫无兴趣。他们总是说，做好自己最重要，看热闹太耽误时间。疫情几年，朋友们虽然有不少事业受到重创，但依然沉稳有序，从不怨天尤人。

这几年大道新闻小道消息，每天扑面而来，成为情绪的导火索。可能因为看了一段不知哪里的小视频，或听了一段不知哪里的录音片段，心就乱了。

如何让自己不被外界信息所左右？心理学有个概念叫"心流"，指专注于某种行为时的感受和状态。当一个人的注意力完全专注于某件事情时，外界的干扰会失效，自身会产生高度的充实感和愉悦感 。

如何培养自己的心流？我在过去三年最有效的方法是看书，深入到一本或有趣、或有品、或专业的书中，嘈杂在外，好文字、好故事会给自己在心里迅速建造一座桃花源。和不少朋友交流，比较统一的答案是：让自己专注一件事，不管是工作，或是一个深度爱好。**专注是一种很强的免疫力，会让自己摆脱外界信息的干扰。**

有让自己专注的定力，有独立思考的能力，这是很重要的个人成长。

大疫过去，本来以为一切会顺风顺水，但各种危机暗流涌动，每个行业都有不易之处。过去的三年，你也许觉得有劲无处使，或者想出门却寸步难行；而2023年开始，很多人又觉得力气不够，竞争更强，哪里都很"卷"……或许，这样的大环境下，是再一次成长的好机会。

成长，就是在时代的洪流中，慢慢找到自己的位置，实现自己的价值，哪怕我们只是一滴微不足道的水滴。对成人来说，岁月静好只是片刻的感受，而需要适应岁月的无常，接受自己的渺小，修炼自己的内心，这些比拥有更多的财富和物质，更是成长的真正意义。

心有所爱，
梦有所托。
中年女人的性感，
是一种姿态和神情。

摄影 / 秦颖

# PART 4

我的性感，我说了算

## 养皮肤就如度人生

人生总有一些你无从预知但真实发生的事。

比如，我虽然爱美但无法预知，在自己 50 岁时，成为全球著名的、已经有将近二百年历史的著名法国美妆品牌娇兰（GUERLAIN）的代言人，至今已经第三年。我的称谓叫"首席体验官"，每一次参加娇兰活动，在朋友圈提到的时候，都会有朋友留言："看到你的皮肤，就知道你的'体验'很完美。"

2009 年在巴黎，采访意大利影星莫妮卡·贝鲁奇，那次采访是另一个法国著名品牌迪奥（DIOR）邀约的。我和她约在酒店一间小小的会议室改成的采访间。她比我想象的要娇小玲珑，以前在银幕上看到的莫妮卡·贝鲁奇，丰乳肥臀、妖媚妖娆，而坐在对面的她，巴掌大的小脸，闪亮的眼神。她和我说的第一句话是："我年轻时绝不敢想，45 岁时迪奥会找我做代言人。作为一个演员，演到一个好角色当然让人兴奋，但作为一个普通的女人，45 岁代言 ROUGE DIOR（迪奥经典唇膏）更让我开心。"

我当时有点哭笑不得，很想和她说：你不是一个"普通女人"哇，你是一个银幕巨星。但莫妮卡坚持认为，在一个历史绵长、璀璨闪亮的品牌面前，每个女人都是普通的。

若眼睛是心灵的窗户，
微笑就是女人最好的名片。

摄影 / 闻晓阳

开始拍摄短视频后，几乎每天都有网友留言问：如何能有像雪姐一样的好皮肤？

一个曾经每周坐飞机上班、几乎月月出国的职场女人，一个38岁生了双胞胎从此踏上家庭与职场跷跷板不得平衡的职场妈妈，一个常年失眠、追求完美总觉得自己做得不够好的要强女人，磕磕绊绊起早贪黑后，我的皮肤依然光亮，并不是因为天生丽质，养皮肤如度人生，也要一关一关过。

大学假期时，我在央视文艺部的一个节目组做假期实习小工，组里的化妆师是一位35岁左右的姐姐，她不是很漂亮很惊艳，但非常耐看，皮肤好到发光。拍摄时，每当导演一次次对演员和摄像灯光喊"再来一次"时，就经常开玩笑说："要到敏姐皮肤无瑕通透的程度，咱们这条就过了。"

我和敏姐住一个房间，很喜欢观察她每天早晚护肤的程序，很多大大小小的瓶子，她只要坐在房间里的简易临时梳妆台前，便陷入属于自己的小世界中，擦、抹、喷、拍、揉，就像一个手艺人在表演，非常专注。跟她说话，她会说："不急吧？不急等我抹完再说。"

有一天我忍不住问敏姐："同样的护肤品，抹15秒和抹30秒有区别吗？"

敏姐说："当然有区别，抹15秒，就吸收15秒可以抵达的皮肤层，抹30秒，就可以再深一点点。"

"那么，专注地涂抹和不专注涂抹，如果都是30秒，有区别吗？"

"有，专注洗脸，专注护肤每一道程序，长年累月地专注，专注的叠加效果就是你皮肤的样子。"

敏姐还说，自己和先生结婚时，别人家小夫妻在家居店都先挑大衣柜和双人床，而她精心选择的第一件家具是梳妆台。她是一个化妆师，但自己几乎不化妆，每天素颜出工，好像是要给大家看：姐我不化妆，也很耐看。

其实，岂止护肤要专注，人这一生，只要你花工夫、日积月累专注地去做任何一件小事，所得的成效，都将验证"天道酬勤"这四个字。

后来，我大学毕业后租了第一个不到20平米的小房子，也愣是跑到家居市场，用一百元给自己淘了一张简易梳妆台。一面镜子，一个小台子，下面有个抽屉；小台子上堆满瓶瓶罐罐，由于太小，自己在下面又添了一个塑料抽屉柜，存放各种护肤产品。

妈妈来看我的第一个独立生活的小出租屋，盯着我的梳妆台看半天，感慨地说："女人是应该有这么个台子啊，我过了半生怎么都没想起来，以前你姥姥屋里就有这么个台子。"

之后的三十年，我搬过数次家，无论是自己买的房子，还是再次租的房子，一定有个温馨的梳妆台。无论多忙，每天一定有那么短短的一段时间，在这个台子上独自快乐地享受自己的护肤时光。

2010年前后，我40岁时，医美开始盛行。

那年正好有个机会，以美容院产品著称的护肤品牌修丽可邀请媒体去洛杉矶，考察微整形产业，和医美专业医生畅聊。我在洛杉矶参观了两家据说当地很有名、很多好莱坞明星都经常光顾的美容院，其中一家的主理医生是华裔，中文讲得很好，他给我细细介绍了各项微整形的项目。我还记得自己看到一个柜子里的胸部填充物时，吓了一跳，虽然放在手里非常柔软，但还是不敢想象要通过手术塞进胸里是什么感受。医生的观点很客观：整形没有对错，只在于一个女人的个人选择。

我和医生认真讨论了数种美容针和微整形手段的必要性，听了医生专业术语的长篇介绍。医生还把我的脸部照片放到了他的电脑上，按照他的规划，这里打打针，那里修修容，他用笔在照片上涂了很多横线竖线，然后得意地说："动一动，更美丽。"

我问了一个尖锐的问题："有没有一种针可以长久地、没有副作用地延缓衰老？"

医生停顿了几秒，很严谨地回答我："医美可以延缓衰老，让你看起来更年轻。但是，没有哪一针可以管一辈子，至少现在还没有。说到副作用，适度就还好，但过度依赖医美，医美就成了一种皮肤的外用药，这世上哪有没有一点副作用的药呢？"

我当时说："哎哟，那和我的护肤价值观有点出入，我是一个长期主义者，对所有暂时的手段都充满怀疑。"

医生大笑："那你就努力护肤好了，其实医美也是为了让女人更自信地面对自己，我也不主张过度医美。"

和医生告别的时候，他说："很少有女人进了我这个门不动心的，毕竟更年轻和更美丽是所有女人的追求。"

我老实地回答："我也很动心，非常动心。但我还是喜欢自己看起来是原生的、真实的，有缺陷可以接受，老一点也可以接受，只要真实鲜活就好。"

这么多年拒绝医美，并不是不相信医美的疗效，我身边有很多女朋友是医美的受益者，任何可以帮助女人更自信的事，都是好的。大概到底是因为无法接受医美手段的暂时性。

长期主义是我相信和秉承的最重要的人生观之一。就像人与人相处，若长情，就需要时间考验；职场里，只有持续不断地努力，才有下一个高峰到来；养生与保持身材，没有比持之以恒健身更好的方法。护肤如是，只有每天认真护肤，才可以抵御岁月的侵蚀。

长期主义的特点就是很麻烦，很需要坚持，不能偷懒，不能立竿见影地看到效果，但只要你坚持，所获得的成效也是最持久和最可靠的。

我认识的很多女友，天生丽质皮肤好，尤其成都妹子、湖南妹子，一方水土一方人，我没有那个福气。二十几岁时皮肤粗糙，不算皮肤好。40岁出头因为巨大的工作压力，造成身体免疫力下降，皮肤曾经长达近两年处于重度过敏状态；厉害的时候，好像顶着一张小猪屁股般又红又肿的脸上班。

这就像护肤路上的一劫，我记得自己在非常有限的时间里，跑过北京和上海四五家医院的皮肤科，抹过各种药，都不是很见效。最后，看病看到一位女中医，她说，你的问题不是皮肤问题，而是免疫系统出了问题，如果可以休息一段时间会恢复得快。我告诉医生，虽然我很在意自己的皮肤，但不可能为了养肤就休假半年啊。这位女医生后来成为我的好朋友，在她的鼓励和督促下，我连续吃了八个月的中药，同时按照她的建议，开始规律健身，小心饮食，八个月后，免疫力慢慢恢复，皮肤过敏神奇地好了。

坚持喝中药八个月，并且每个月需要根据身体情况再找医生调换药方，作为一个每周都在坐飞机赶路的我，是一件执行难度很高的事，但坚持下来，就有了成效。

两年中经历数次绝望，每次见到皮肤科医生，拿到一种药，就想这回一定有效，我的皮肤就要回到干干净净的样子了。但是效果不明显，又换一位医生，经历新一轮希望与失望。

那段时间很怕梳妆台前那面大镜子，镜子里是自己不喜欢的样子，不知道挽救自己皮肤的灵丹妙药在哪里，甚至怀疑自己这辈子就不可能再拥有好皮肤了。

吃中药的八个月里，并不知道终点是八个月，曾经期待一个月有效，三个月有效。当效果并没有那么明显时，或者有了效果但因为一个熬夜、一次出差就被打回原形时，那种跌入谷底的想哭出来的失望，今天想起来，还是会心疼自己。

可是，在这两年皮肤过敏、经常红肿的日子里，没有耽误我正常上班，出席晚宴，赶场看秀，参加活动，以及出国旅行。受到考验的其实不是生活和工作，而是情绪，如何每天在镜子里看到那张反常、红肿的脸时，依然保持微笑，保持斗志。

经过这一劫，我学会了如何更好地接受现实，稳定情绪。无论中医、西医都认为，**当你病了的时候，情绪稳定是另一剂医生开不出而自己可以送给自己的最好的辅助药**。

这几年，每当我第二天要做一件重要的事，比如参加一场重要的活动，做一个重要的演讲，主持一场重要的活动，拍一个重要的广告，头一天晚上一定睡不好，有时甚至彻夜难眠，压力大，担心自己表现不好。但即使这样，头一天晚上辗转反侧的我，在现场依然可以有稳定的表现，不会让自己陷入"昨天没睡好"的烦恼里。其实就是可以有效地控制自己的情绪，可以化解"没睡好"这件事，也许，这要感谢那两年皮肤重度过敏的经历。

养皮肤就如度人生，除了天赏的极少数人可以一生都拥有好皮肤，我等这样的普通人，我们的皮肤都要经历岁月的考验、生活的洗礼，甚至病痛的侵袭。这就和做其他事一样，要有信念，有恒心，有方法，也要接受自己不够美丽、不再青春的现实。

对于一个已经走到人生下半程的女人来说，我甚至爱上了自己越来越深的法令纹和眼角纹，这些岁月赐予的纹路，让我的面部始终生动。而且，并不影响我的皮肤依然发光。

# 人生最珍贵的，是经历

*1*

从幕后转身到幕前这几年，最复杂最艰苦的一次拍摄，当属 2021 年 7 月，为当年 ERDOS 秋冬发布的广告拍摄。

阿那亚在疫情之后，成为风靡北方的乌托邦圣地，有大海，有美术馆和书店，有买手店和咖啡厅，有音乐季和戏剧节，还有无数慕名而来的年轻人。我们将拍摄地选在这里，大家都很兴奋，觉得会是一次美好的拍摄经历。

所有的时装编辑都爱外景拍摄，因为在外景里，模特或明星的状态会放松，人的状态加上景的加持——蓝天大海、沙漠绿洲、高山流水，用编辑的话说，"外景最出片"。我做主编时，一听编辑报选题要跑出去拍摄，就有点头疼，不可控因素太多，比如天气，赶上雨天就只能歇工，赶上恶劣天气还有危险；比如航班，拍摄团队除了编辑，还有外约的摄影团队、妆发团队，还可能有美工、道具、置景，如果有一队航班赶上大误点，那整个拍摄计划都要改。

上过一堂管理课，教授花了半天的时间讲"同理心"和"换位思考"。记得教授快下课时，非常风趣地说："这听起来很容易，但在实际工作中做到很难，因为每个人的大脑都跟着自己的屁股走，屁股坐在哪个位置，自己的思考就在哪个位置。如果你是个部门总监，

我喜欢白色，
一尘不染的干净。
生活虽处处是尘，
以白色相抵，
也可以不染。

摄影 / 闻晓阳

就会想如何让自己的部门成为最大受益者；但如果你是 CEO 呢，就得想如何让公司成为最大受益者。"

同时做 *ELLE* 的 CEO 和主编那两年，感觉自己变成了分裂型人格。CEO，要对利润负责；主编，要对内容负责。一手挣钱，一手花钱，两只手都在自己身上，就难免打架。

每当编辑踌躇满志地想去外地拍摄时，主编很想高举双手大喊"支持，冲啊"，好片子就要去外景创作；而 CEO 就犹豫了，默默打着算盘，差旅制作预算够不够。

当年做 CEO 和主编的纠结已是过去式，命运现在为自己安排了"模特"的身份，让我以全新角度，再次思考外拍这件事。

## 2

作为一个 50 岁的模特新人，我期待去外景拍摄，好歹有个"事"做，也许摆姿势就会容易些，比如看大海，喝咖啡，逛书店，走一走跑一跑，有风在耳边吹。

大部队开车及坐火车，分头来到了阿那亚。遇到的第一个问题是温度。七月的阿那亚，骄阳似火，我们要拍摄的衣服是 ERDOS 秋冬系列，以羊绒、呢子裤和大衣为主。阿那亚街区里，满眼是穿着吊带裙的姑娘和背心短裤的小伙子，不断遇见穿着泳衣、披着浴巾往海边走的男男女女和孩子，一派盛夏风情。

我穿着背心和短裤到达，在街区里转了一圈看景，外景一切皆好，就是没有空调，衣服很快就湿透。

这次拍摄的主摄影师是我先生，他很担忧："你穿上高领羊绒，再裹上大衣，会虚脱吧？"我假装淡定地说："没事，我带了藿香正气。"

温度比我们之前预料的要高，有大半天的时间都是直射光。团队只好修改拍摄计划，平面照片的 10 套衣服分两天拍摄，改在黄昏自然光最美的时候抢拍；视频组则决定连续两天早上 4 点开工。原来计划的两天拍摄，变成了四天。

外景拍摄果然不太容易天遂人愿。拍摄平面时，团队希望太阳赶紧下去，最好天有一点阴，这样折射到人和衣服上的光才柔和，可是太阳它老人家偏偏就不，结结实实地就停留在每个人的头顶，不舍离去。

## 3

这季我特别喜欢的一件白大衣，领子是立起来的，造型师一边给我吹着随身携带的迷你风扇，一边把每一颗扣子扣好，语气有点抱歉地说："姐啊，这件大衣必须系好每一颗扣子才好看。"

穿着这件白色高领大衣在艳阳下时，眼睛一直不太睁得开，太晒了，并没有一块遮光板可以把阳光遮住。大家的衣服也都湿透了，我的内衣可以拧出水来，浑身滚烫，不知道微笑在脸上可以保持多久，每当拍完一套服装，就长吁口气，感觉是过了一关。

骄阳下的平面拍摄两天结束后，视频团队摩拳擦掌，制订了一个周密的阳光拍摄计划。拍摄前一晚看天气预报，愕然发现第二天会有大雨，但好在是阵雨。

凌晨 4 点，天刚蒙蒙亮，视频团队已在海边布光，我在酒店化妆，第一缕阳光开始出来时，我们准备开拍。仿佛就在一刹那，刚要跳出地平线的太阳公公不见了，天忽然灰下来，海边温柔的晨风变成了冷风，夹杂着晨雾的雨点倾盆而下。

现场一片忙乱，制片已准备好雨衣和雨布，和突然而降的大雨抢速度，要在几秒钟内，把摄像机器和灯光用雨布遮起来，再把已经换好羊绒、全妆在脸的我遮起来。

暴风雨像是一个顽皮的孩子，看着所有人已手忙脚乱，就笑呵呵撒个欢地跑走了。于是，这一群人摘了雨布，马上进入拍摄。两个镜头还没拍完，顽皮孩子又卷雨重来。

从凌晨 4 点到中午 12 点，我们就在和这个叫"阵雨"的顽皮孩子斗智斗勇，无法判断它几时来又几时去，只能是随时拍，随时停，拍拍停停十几次。

为了防止游人误入镜头，导演选了一片偏僻的海岸，最不方便的是没有洗手间，最近的洗手间也在步行二十分钟之外的地方。4 点就爬起来的主摄像东哥，几次想去方便，每次都说："算了，万一我一走，雨停了呢，还是盯在这踏实。"

最崩溃的是发型师 Ocean，他一大早精心打理的短发，随着每一次忽然而至的暴风雨，乱成一锅粥，他只好不断地用发胶定型。可是发胶用多了，头发又根根坚硬得不自然了，他又把一绺绺成小棒的头发一根根摘出来，让头发尽量维持自然状态。

化妆师 Sico，是我在 *ELLE* 上班时，合作很多年的化妆师弟弟。他此时不仅背着他的补妆包，还紧紧抱着一件雨衣，胳膊底下夹着雨伞，随时准备暴风雨来时，把雨衣雨伞扣在我的脸上身上，不让妆花掉和衣服淋湿。

中午 12 点时，我这个模特已狼狈不堪。七八个小时的外景，忽冷忽热，忽晴忽雨，导演决定先收工，大家分头吃午饭、休息，下午 3 点再继续拍摄。

Sico 和 Ocean 看了看我乱七八糟的样子，果断地说："雪姐先回房间洗澡，妆发全部重来！"这意味两个仗义的弟弟干两遍活儿，也意味着我们三个人都没有午休，吃完饭，就要赶紧再装扮起来。

# 4

下午拍摄时，日头雄赳赳升起，和早上俨然两个季节，重新暴晒起来。导演在监视器前喊："雪姐，请想象现在是在冬天的海边，海风很冷，所以你要裹紧大衣，在海边小跑……"在七月烈日下，想象此时是十二月，明明热得要虚脱，但要表现出"很冷"的感觉，醉了。

当太阳西下，漫长的一天结束了。只觉骨头架子要散了，眼睛被海风吹得奇干（后来才知道得了严重的干眼症），不仅仅是疲惫，简直有万念俱灰感。

我们在阿那亚住的小酒店，七月是旺季，人满为患，每次都要在大堂等很久电梯。结束拍摄，疲惫不堪地在大堂等电梯的时候，我还穿着厚厚的羊绒衫，遇见酒店里在忙着收拾房间的姐姐，模样端正，浓眉大眼，她盯着我看了半天，说："你是不是那个刚出书的主编？"

我因为化着浓妆，又匪夷所思地穿着厚羊绒衫，所以有点不好意思："是我，您看过我的书？"

"是我女儿推荐给我的，我和您同龄，我女儿说看看人家 50 岁什么样，让我向您学习。"

我更不好意思了，看电梯刚刚才上去，想着索性聊一会："您不是本地人吧？"

她说："长春人，下岗了，朋友介绍到这里。我原来在厂子里是个小头目，年轻时可漂亮呢，在我们工厂有点小名气的。"

我笑了："您肯定是工厂一枝花，我也是个下岗主编，也在这里临时找点活儿干。"

长春姐姐乐了，话多起来："我看您书里写啦，您下岗的姿势可比我优美，哈哈！我跟您说啊，我在这里重新焕发了青春，这里来的文化人多，我就想是为文化人服务啊，这成就感老高了。您不能泄气啊，您看您身材这么好，多少人羡慕呢！"

我觉得长春姐姐一定从我脸上读出了"泄气"，就实话实说："今天拍摄一个广告，特别不顺利，天气变来变去，我也不是演员、模特，不太懂怎么拍。"

"那您就学呗，我以前在我们工厂是老师傅，每台机器我闭着眼睛都能操作。刚开始来这里的时候，觉得打扫房间还不容易，那不是家里天天干的活儿吗？结果，可是不简单，其中的学问可多呢。咱们就是这点比年轻人强，咱们什么事没经历过？不会就学，承受力强，做事扎实！"

# 5

我一天的疲惫，被长春姐姐一席话扫走一半，她从工作服中掏出手机问："我能不能和您自拍一张，发给我女儿？"

我说："当然可以啊，就是脸上的妆有点浓。"她嘻嘻笑着说："我昨天看见您没化妆的样子啦，清秀，您不化妆更好看。"

电梯来了，长春姐姐最后一句话是："您今天穿的毛衣真好看，要不是特别贵，等天凉了，我也去买一件。就等着您今天的照片出来，我要学着您的姿势也来一张！"

入夜，我躺在床上，很累却久久不能入睡。窗外月光如水，手机里的工作群鸦雀无声，大家起太早，晚饭后全体早早躺平，准备迎接明天又一个凌晨4点的开工。

思绪繁杂，想到长春姐姐的鼓励，又想到自己做编辑时，是不是对常常反季拍摄的模特姑娘有很好的照顾，对飞到天涯海角拍摄的编辑们有足够的支持……最后想自己作为一个模特新人，还会不会选择外景拍摄。

答案是"会的"，大风大雨、冷点热点，都不算什么。

老了的时候，要有资历有底气对年轻人说"我什么事没经历过"——**人生最可贵的，不是成败，而是经历。**

# 第501张封面

2022 年 8 月，在我离开曾经二十年每月拍封面的编辑生活不到三年，自己成为一本杂志的封面。命运在一个我最熟悉的场景里，安排了一场奇异的角色转换，在我为别人拍过 500 张封面之后，命运将第 501 张封面，送给了我自己——就好像命运老人安排的一个循环游戏。

## 1

我接到《Tatler 尚流》主编 Paco 的电话时，有点突然。电话很短："雪姐您入选了 Tatler 2022 年亚洲最具风格人物。所以，我们想以'优雅'为主题，邀请入选这个名单的两位人物——海清和您，拍摄九月刊封面。如果您同意，两周后拍，我的团队和您工作室的同事详细对接日程和拍摄方案。"

挂了电话，脑子里只有"封面"两个字。

找了一张白纸，开始边画边算，二十年主编生涯，一共拍过多少张杂志封面。最开始是一个月只拍一张封面，后来开始一期多封面，还有订阅版，还改过一阵子半月刊，还有花样繁多的增刊、别册。有一年，十二个月竟然拍过 35 张封面，八九不离十地累计，最后归个整数，二十年大概拍了 500 张封面。

假如把这些封面都挂在一面墙上，那是要好大一面墙吧。二十年一闪而过，我的青春在那些美丽的封面后面，闪闪发光。

## 2

*Tatler* 九月刊封面在八月拍摄。北京一家摄影棚里，这是一个我很熟悉的工作环境，忙碌的编辑们，有人准备采访，有人准备拍摄道具，有人整理衣服，有人在和摄影师低声讨论，还有守着珠宝箱子的客户与保安。有人叫我"雪姐"，有人叫我"老师"，还有人叫我"前辈"。

从前，我来到这个环境，通常坐在监视器前，编辑递上拍摄方案，摄影师讲讲自己的想法，我提出自己的建议，大家意见一致后，我起身去明星房间，和今天的封面主角聊聊家常，跟经纪团队打声招呼，拍摄有序开始。而今天，我不再是主编，而是封面主角。进棚后老老实实坐下，化妆师开始两小时的精细妆发，文字编辑过来聊天采访，时装编辑运来要试穿的衣服。

摄影师胡加灵是"95后"年轻新锐，没有合作过。妆化好后，我一个人默默溜进摄影棚，借着和演员海清打招呼的工夫，迅速看了棚内摄影师的布光，看完踏实了几分。布光专业，摄影师有情怀，用数码拍完，接着用胶片拍。

本来想找个机会对 *Tatler* 年轻蓬勃的编辑团队说，这是姐第一次被拍封面，真的没有经验，求弟弟妹妹们帮忙。

但是这句话没有机会说出口，现场每个人都说："雪姐拍过那么多封面，拍封面这点事，雪姐最熟了。"

我心里很紧张，幕前幕后的工作貌似相似，其实是两回事。这个做过二十年时尚杂志、拍过 500 张封面的前主编，也不知在数人眼光的簇拥下，在一个光秃秃只有灯光和一张背景纸、一把椅子的摄影棚里，如何用最快的速度呈现出编辑们期待的状态。只能用我全部的定力让自己面色平静，举止从容，以全新身份和视角去适应这个曾经那么熟悉现在又觉得陌生的环境。整个拍摄过程中，一眼都不敢看监视器，担心站在监视器前时，自己瞬间回到那个主编的身份，会用主编的眼光审视这位半路出家的业余模特，一定对自己不满意，会失去在镜头前表现的信心。

每当摄影师和编辑说："雪姐来看看图片！"我就摆摆手："我不看，你们满意就好。"

现场的编辑姑娘问："雪姐，更喜欢拍封面，还是喜欢像今天这样做封面？"

"肯定喜欢拍封面哇！"

"为什么？以为您会更喜欢做封面，这会是很多女人的终极梦想吧？"

"因为拍封面，你是操控者；而做封面，你是被操控者。"心里默默地笑，暴露了自己，我更喜欢做可以掌控自己生活的人。

## 3

主编是一个掌控封面的人。在拍摄 *Tatler* 封面的很多瞬间，在摄影师闪光灯的间隙，脑子里总是浮现出在 *ELLE* 做主编十几年的那些八月里的时光。

对 *ELLE* 来说，每年八月是异常繁忙。因为每年杂志的十月刊是周年庆刊，就是内容最多、选题最丰富、拿起来最沉甸甸的那一期杂志，都在八月制作。

上海的八月热得像蒸笼，闷得像露天桑拿，在空调办公室里坐久了，浑身不舒服，但走出写字楼，扑面就是热气腾腾的焦灼空气。天气并不可人，可是我每当回忆起上海的八月，都有一种莫名的亲切感和踏实的满足感。

每年七月初去巴黎参加高定时装周，看完秀，我顺路找一座欧洲小城休假。7 月 20 日前一定会回到办公室，踌躇满志地和团队准备周年庆刊，每年这一期，就像一群编辑齐心协力为自己、为读者举办的盛大仪式。这一期的选题会总是相当漫长。有一年，我和编辑们开了七个小时，早上 10 点半开始，午饭叫外卖在会议室里吃，到了下午 5 点半，那个会打动人心的选题还没有浮出水面，放大家出会议室，各自回到座位换换脑子，我自己也拎起小包下楼。

那时 *ELLE* 的办公室在上海书城后面的译文出版社里面，遇到思路枯竭时，我就下楼去书城转一圈，福州路上还有外文书店、古籍书店、二手书店、几家卖文房四宝的老铺子，以及老字号馆子，书香气和烟火气都十足，那家叫"四马路"的人声鼎沸的国营老馆子，留下了数年编辑部姑娘们一起吃饭的八卦和笑声。每次在这条老文化街乱晃半小时后，灵感就会归来。

有一年，北京闺蜜八月来上海出差，到书城来探班，正赶上我焦头烂额。她拉着我去福州路杏花楼吃饭，又一起附近转了一圈，我跟她说这里是我的灵感之地。

闺蜜开玩笑："你这一行,不是天天都跟奢侈品打交道嘛,我以为你天天要奔恒隆找灵感呢!"

我哈哈大笑："去恒隆只想找生意,看哪个客户能再多给点广告预算,满脑子都是数字,哪有灵感啊。"

闺蜜翻白眼："明明就是一个卖杂志广告的,走到哪卖到哪,把自己说得跟个文化人似的。"

自己铿锵有力地辩解："我们做杂志的怎么就没文化了,你不是也常常看到杂志的好文章拍手称快嘛,而且美学也算一种生活中的文化吧。"

闺蜜想了想说："美不算,只停留在外表的层次;但美学算,我们这一代人确实是被时尚杂志开启的美学之门。"

# 4

除了杂志的选题,每一期最较劲的是封面,用谁做封面,又如何定拍摄方案,每年八月,都在为同一个问题反复讨论。章子怡、周迅、刘雯……都曾经是这一期封面的座上宾。

每一年都想比上一年更有创意,更让读者难忘,为此编辑们不眠不休。我记得微博上曾经有读者艾特我:"雪主编,我要搬家了,舍不得把存了这么多年的 *ELLE* 都扔掉,但搬起来太吃力,新家书房很小,可以建议我留哪几期吗?"

我一字一句地给这位读者留言:"请保存每年的十月刊,每一页都不会让你失望。"

无论对读者还是对编辑,那都是一个杂志的黄金时代。

《Tatler 尚流》2022 年 9 月刊

摄影 / 胡加灵

这两年在上海出差，每当出租车路过上海书城，我都对师傅说："您开慢一点，我以前在这里上班。"车窗外熟悉的街道、熟悉的店铺，一闪而过，一间报废的旧报刊亭，外墙还挂着已经斑驳模糊的大约五年前的 *ELLE* 封面海报，可是往事一点不斑驳模糊，我好像看到那个穿着小黑裙、小白鞋的女主编，在喘不上气的上海闷热的八月，拿着一盒新买的冰激凌，站在报刊亭门口问亭子里的大叔："请您吃冰激凌！这个月谁家杂志卖得好呀？"

## 5

*Tatler* 九月刊上市后，一次去上海出差，客户安排住在半岛酒店。一进房间，杂志架上赫然插着两本杂志，一本是 *ELLE* 九月刊，一本是我和海清做封面的 *Tatler* 九月刊。一时愣住，就好像命运老人在后面狡黠地笑：

一半是你前半生的小结，一半是你后半生的开始，请继续努力，总有一本杂志，记录你人生的每个阶段。

## 29岁、39岁、49岁的旅行

喜欢写和年龄有关的文章。女人只有和年龄相安,才可以和岁月相安。

热爱旅行。

30 岁以前,不敢妄想旅行,一直在没日没夜没周末地上班与加班中。并无怨言,因为想着趁年轻力壮时,多给自己攒点资本,以后去看全世界。

国内旅行,29 岁才开始出走;国外旅行,从 32 岁出发。

### 1

1999 年,我 29 岁。

北京大妞第一次下江南,为了迎合江南的温婉气质,给自己梳了两根大辫子。

姥姥生在上海,长在上海;妈妈生在上海,长在北京;我呢,生和长都在北京。姥姥和妈妈从小在饭桌上常说:"人间最美是江南。"直到 29 岁的假期,我才第一次踏上江南之旅。去了传说中的天堂苏杭,以及周边若干古镇。同里是其中一站。

那时的同里,游客不多,就像一颗透明露珠,烟火气十足,水灵灵地光鲜。我喜欢每天在河边,看当地姐姐们在船上做饭、洗衣、过日子。没怎么见过小桥流水的北京妞，被江南的灵气迷倒。

到了同里，才懂苏东坡的句：

> 一叶舟轻，双桨鸿惊。
> 水天清，影湛波平。
> 鱼翻藻鉴，鹭点烟汀。
> 过沙溪急，霜溪冷，月溪明。

为了这次旅行，特意在当时北京最时髦的购物区三里屯的服装摊上，淘到一件墨绿色中式盘扣外罩。我在里面配了一件白衬衫，把小白领翻出来，古典的款式里，就有了一点现代感。

这个搭配方法，是从那本叫 *ELLE* 的杂志时装大片里，学到的小技巧。

1999 年，我还是香港嘉禾电影公司北京办事处的一名小尖兵，很爱电影，可是又很羡慕做时装杂志的女朋友们。因为会写文章，成为好几本时尚杂志的兼职作者。

那一年，我被《时尚 COSMO》杂志评为"中国最有魅力的五十个女人"之一。

那一年我还不知道，2000 年，我会去 *iLOOK* 杂志工作，从此成为一名编辑。

那一年更无法预知，七年后，我成为最爱的杂志 *ELLE* 中国版的主编。

# 2

2009 年，我 39 岁。

这一年的假期，来到了期待已久的童话之国瑞士。这片只有四万多平方公里的袖珍土地上，有高山雪岭，有湖泊溪流，有幽深峡谷，有看不完的中世纪小城。

瑞士的旅行线路，分阿尔卑斯山路和莱茵河水路，我和先生选择了沿水路而行。一路都是如童话的城市：卢塞恩、苏黎世、伯尔尼、古城施泰因。

后来再想起瑞士，最先想到的总是一个叫莫尔日（Morges）的古镇。当时大概是因为看旅行帖子，女神奥黛丽·赫本曾在这里居住三十年，于是就选择在这里停留一天。

牢牢记得这个小镇，是因为滴酒不沾的我，在这个小镇竟然喝醉了，而且是当街大醉。

那天早饭后，从日内瓦坐火车半小时，就到了这个陌生的小镇。小镇巧致、安静，街上车不多，人也不多。沿街乱逛，非常惬意。路过一个小酒铺，铺子里从屋顶到地面，满眼是酒瓶。店主是个帅小伙，他热情地招呼我们，台子上摆了一盘杯子，说："买不买都好，先来尝几杯。"

老公就和帅小伙一杯又一杯地开始对饮。

帅小伙给我选了三种"女士最爱"的葡萄酒，我赶紧表示自己不会喝酒，帅小伙说："你这么美，怎么能不喝酒！没有酒的人生，多枯燥啊！"然后，特别换了一个雅致的酒杯，倒上酒说："尝一尝，今天就会不一样。"我已经完全记不起，在帅小伙和老公的怂恿下，尝了多少杯"女士最爱"的葡萄酒，从腼腆变得豪放，瑞士酒真的好喝！

如帅小伙所言，那一天，确实很"不一样"。

晕晕乎乎走出小酒铺的时候，我嘟囔的第一句话是：瑞士也有地震吗？怎么感觉地在晃，小街在晃，树枝在颤，我只想在摇晃的世界里，跳一支舞。舞曲还未响起，老公以最快的速度，把我拖进一家公用厕所，吐了个天翻地覆。

吐完似乎也没有更多难受。

盘腿坐在街中心一棵大树下的圈椅里，午后的阳光斜晒在身上，我在树下傻傻地笑。那一刻，想起酒杯不离手、越喝越有的"诗仙"李白的诗句："劝君莫拒杯，春风笑人来。"

真的笑了好久。

常记起那个小镇的午后，常想念那个微醺的自己。

那年我做 *ELLE* 主编已三年，纸媒黄金期，在向纸媒最高峰冲刺中。

那年双胞胎女儿 1 岁，迷迷糊糊，不知如何做娘，一出远门才知那么想她们。

那年对将要到来的女人四十有点惶恐，收拾行李时赶紧把衣柜里的牛仔背带裤塞进行李箱，就让三字头最后的时光，藏进背带裤的记忆里。

# 3

2019 年，我 49 岁。

7 月在巴黎参加高定时装周，要再飞纽约总部开数字媒体年会，中间有三天小假。我穿着一件连体裤，带上一条连衣裙，蹬着白球鞋，背着布袋子，从巴黎坐火车到了第戎（Dijon）。第戎是法国勃艮第地区首府、葡萄酒圣地。我依然是一个滴酒不沾的女人，来这里不是为了品酒，而是为了看用十年修复、刚刚开放的第戎美术馆。

第戎美术馆修复中的十年，刚好是我疯狂迷上美术馆的十年。

从一个普通游客，走马观花地打卡美术馆和名作，到有了一点点艺术知识储备、一点点自己的喜好见解，十年，悄悄过去了。十年间，数不清去了多少美术馆，看了多少展览。这个越来越痴迷的深度爱好，让生活有了更多期待和色彩。

第戎市中心，矗立着 14 世纪末建起的勃艮第公爵宫，几百年风霜洗礼，依然辉煌。美术馆就在这座公爵宫中，经历十年翻新改造，2019 年重新对外开放。

美术馆里收藏丰富，从古希腊到中世纪到当代，在里面逛一天，像在千年轮回中来回穿越。其中一层的一个厅，是中国画家严培明的展厅，全黑白油画作品，很震撼。当时特别自豪，中国画家在这里有这么受尊重的一席之地。几个月后机缘巧合，在上海见到严培明先生。一聊才知，他的创作阵地主要在第戎，在古城有很大的画室。八十年代刚到法国时，曾在第戎美术学院学习。严画家说："再来第戎，请一定来画室喝茶。"

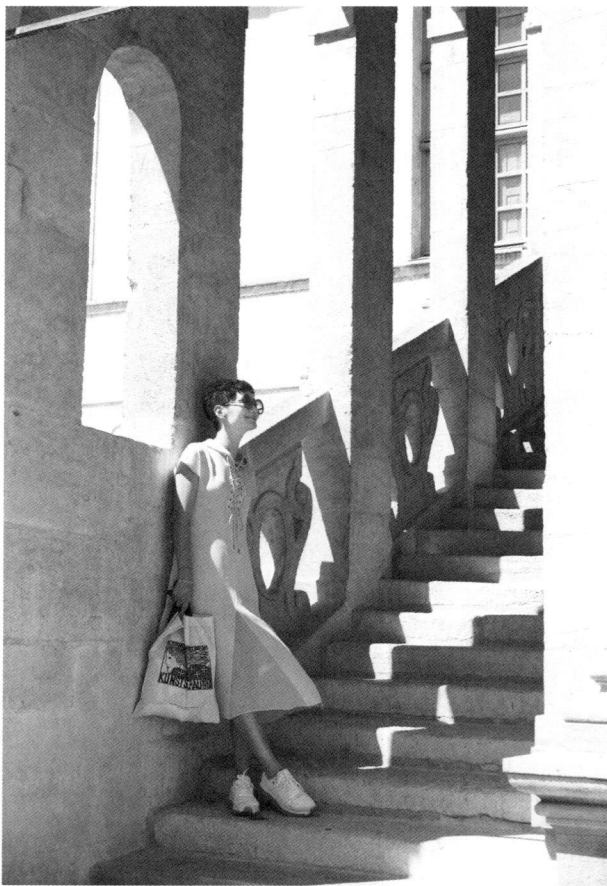

法国第戎，我 49 岁，
旅行之路二十年。
每一次出走，
为了更好归来。

不知道什么时候会再去第戎。中年已至，想去的地方还有很多未达。只为一个美术馆，而千里万里赶到一城，有人生开挂的感觉。

有这样的经历滋养，中年真的不算沧桑。

这一年，我在 *ELLE* 已经任职十三年。

这一年，双胞胎 11 岁，跟着爸妈一起出门看世界。

这一年，经济学家说，要做好思想准备，今年可能是未来几年经济最好的一年。

这一年，我常常想到，就要女人五十，人生下半场要开始了。

# 4

人生没有多少个十年。

感恩每个十年，有他的镜头记录，有自己的成长足迹，有一起走过的路。期待自己 59 岁、69 岁、79 岁时，依然在路上，依然有他陪伴，依然精心衣装，依然有想看的美术馆，有惦记的当地美食，有坐在街心树下傻傻笑的一刻……

**旅行中的很多回忆，让日子变成段子，让寻寻常常的日复一日，变成回忆里的闪光片段。**

# 女人衣品三阶

**好衣品，是女人好人品的一部分。**

我的少女时代是八十年代，百废待兴又欣欣向荣。上高中时，曾经因为喜欢打扮被扣上"爱慕虚荣"的帽子，校办公室把妈妈叫到学校谈话。这个"爱慕虚荣"的高中生，十几年后，成为一名时尚杂志的编辑，进入全球最有名的时装编辑部工作，做了二十年时尚杂志主编。

一个女人的穿衣打扮，也是一条很长的人生路，女人的穿衣观会随着内心成长而成长。

## 1

第一段路叫追赶时髦。学习别人，穿衣是为了证明自己。

我大学毕业第一份工作的三年里，只穿黑白灰三色，唯恐同事和客户觉得小丫头不够成熟，每天想尽方法把自己打扮得像一个大人。那时刚出校门，还踩不稳高跟鞋，曾经买了一双高跟鞋，趁周末在家里踩一天，做家务狂练习；曾经为了把一件西装穿出庄重感，对着镜子摆了一小时，那时最近的穿搭偶像，是公司的部门总监——台湾姐姐和香港姐姐，曾经特别认真地每天偷偷看她们的穿搭，如何又得体又好看，配饰怎么给装扮加分，拎包的姿势如何最有气质。

九十年代初，公司里的台湾姐姐和香港姐姐都拿着路易威登的包上班，我牢牢记住那个包的花纹，心心念念等过几年自己工资高一些，攒够了钱，也要买一个LV。几年后，路易威登成为我人生第一个名牌包（《优雅》中曾经记录这个故事）。我那时并不了解品牌历史，完全是因为同事姐姐们的影响。似乎拎一个和职场前辈一样的包，自己的职场自信也会靠近她们。

身上总要有一件很应季的衣服，让别人一眼可以认出来。年轻人追潮流，只有不再年轻时才看得懂，那时内心的积累远远不够，所以在外表上需要很多标签。那时也搞不清自己到底是什么风格，所以要用看起来最时髦的单品，用那件衣服那个包来证明自己。

## 2

第二段路叫寻找风格。在时髦与得体之间，找到最适合自己的风格。

到底哪一个类型的衣服最适合自己呢？我在35岁左右时，为自己锁定了几种风格，比如白衬衫＋阔腿裤，黑色高领毛衣＋米色风衣或大衣、条纹衫、青果领的小外套，简单、清爽、知性。配饰上加些色彩，比如丝巾和羊绒披肩；首饰上加些俏皮，比如好看的耳环、长项链，还有无处不在的胸针。

在时装界，香奈儿奶奶那句"潮流易逝，唯风格永存"，是告诉每个爱美的女人，要知道什么衣服最适合自己，最能扬长避短。而我觉得，**一个女人服装风格的内里，其实是我们对自己内心最喜欢的样子的期待和追求。**

生活如海浪般涨潮与落潮，
起伏之间，
好衣装让我们坚定优雅。

我喜欢奥黛丽·赫本，虽然没有人家的美貌，但她的着装风格深深影响了我。其实，影响到自己的并不只是穿衣风格，赫本的善良、大爱，尤其是当她不再年轻时，投身公益事业，让她有了银幕角色外的光芒。那些光芒，让她的着装有了自己更多的气质。

**每个女人在寻找自己着装风格的路上，也在为自己寻找内心的偶像，寻找内心最终想成为的那个人的样子。**

## 3

第三段路叫随心所欲。终于知道自己是谁，不再需要任何外在的标签。

女人五十时，我的穿着忽然大胆了起来，也不再被从前穿了近二十年的风格所束缚。很多从来没尝试过的颜色，比如粉红、橘红、果绿、明黄，都一件件开始穿起来；很多从前觉得不好驾驭的款式，比如花朵长裙、蕾丝袍子，都可以轻松上身，变成自己风格的一部分。

50 岁生日后，我站在自己衣帽间的镜子前，不止一次地感慨：原来老了才能驾驭这么多好看的颜色啊！老了果然有老了的好处。

**原来一个女人的着装，也是需要底气的。底气并不是买衣服的金钱，而是内心的笃定。**你清楚地知道自己是一个什么样的女人，可以笃定地做到人穿衣，而不是衣穿人。那件衣服，无论是新款还是旧款，是名牌还是平价，在你身上，都可以达到自己想要的效果。

有时想懒散，就守着一双运动鞋穿休闲装。

有时想娇俏，就试一套颜色鲜亮的瑜伽服。

有时想凌厉，就换上高跟鞋和套装。

有时想飘逸，就试一套蕾丝长裙。

原来每一套衣服，都可以诠释自己的某一面。女人五十，终于培养出一个女人的无限多面性，可开可合，可软可硬。

不再年轻后才懂，原来"时髦"这个词，不是年轻人的专利。最打动人的时髦，并不是年轻人的时髦，年轻本身的朝气，其实会抢了时髦的风头。

我很喜欢在社交平台上，搜索 70 岁以上的时装偶像，她们一头白发，穿搭得有品有格调，眼睛里有阅历有故事，举手投足都有自己独特的味道；在巴黎大街上，时常会看到这样的姐姐，也许 60 岁，也许 70 岁，年龄是她的加分项，有时只是高级灰或莫兰迪色，有时却是大红大绿、花团锦簇，很吸引人；在东京，在米兰，在悉尼，在上海，在很多城市，都曾被或精致或洒脱、穿着不俗的老人的时髦打动。

那种时髦，有一种被阅历和岁月浸染过的动人。

我常在镜子前立志，老了要做一枚"时髦花老太"，每天穿得像鲜花一样俏丽，让自己的身上有一种磁性，让年轻女孩们向往——原来老了，也可以这么美。

# 我的性感，我说了算

在时尚产业多年，看过数不清的秀，和性感最挂钩的是当年的维密大秀。在纽约和上海看过维密秀现场，比 T 台更精彩的是后台。上海做维密秀那年，办公室的编辑们都挤破头要去拍摄后台，后台就像一个青春伊甸园，模特妹妹们个个青春逼人，靓丽可爱，满眼天使，有一种在伊甸园闲逛的甜蜜幸福感。维密秀虽然秀的是女孩们的青春，但并不招女人忌妒恨，是因为那种花枝招展与朝气蓬勃，也是每个普通女人所向往的。

但性感不只是高挑身材和修长大腿，不是只有长成维密 T 台模特的样子，才是性感。现实中对女人性感的定义，随着年纪和认知的增长，会越来越多元与丰富。

关于性感，我年轻时曾经非常自卑，因为对性感最初的认知就是身材凹凸有致，婀娜多姿，而自己不具备。

第一次更新性感的概念，要感恩我的姥姥。年轻时，和身材玲珑有致的女朋友一起去小院子看她，跟姥姥悄悄说："看人家长得多好，好多男孩子喜欢呢。我呢，干巴瘦，一点不性感。"

姥姥说："那你可小看性感喽。外在的性感就像一个女人的豆蔻年华，当然美，不过有限而短暂。一个女人要培养自己内在的性感，走路的姿势、说话的语气、眼神的温柔，仪态万方，有女人味，才是持久的性感。"

姥姥这段话，后来我在两部电影——杨紫琼、巩俐和章子怡主演的《艺伎回忆录》，以及张曼玉主演的《花样年华》中，得到了充分的验证。这两部电影中的女人，前者为了做好一名艺伎而苦练仪态与眼神，看一个少女如何从忸怩青涩到风情万种，少有少的性感，熟有熟的性感。后者的女主角从头至尾都穿裹着看上去严严实实，但每个针脚缝隙都透着性感的旗袍，那些旗袍加上张曼玉的发型、眼神、姿势，在银幕上定格成一幅性感撩人的画面。

我很喜欢一位西方摄影师，叫彼得·林德伯格（Peter Lindbergh），是被时尚行业尊崇的摄影大师。林德伯格镜头里的女性，无论是年轻的模特，还是不再年轻的女演员，无论是带妆还是素颜，每张照片里的人物都有一种充满个性和张力的性感。林德伯格拍了一生女人，八九十年代全球最红的模特和好莱坞最红的女明星，那些美丽的面孔和身影，都是他镜头下的过客。他是一个对女性美三观很正的摄影师，他曾说，**要让女性从青春和完美的恐惧中解脱出来。**

这位阅美女无数的直男摄影师，说出了关于青春和完美的真理。"青春"和"完美"这两个词是很多女人的人生痛点，青春很美，但无论是谁，青春只是人生一瞬，不必为失去那一瞬而难过。看林德伯格的作品集，可以看到他镜头里年方二八的模特之美，也可以看到女人中年、女人老年之美。而关于"完美"，并没有女人是完美的。有完美的面孔，可能没有完美的身材；有完美的面孔与身材，可能没有完美的性格；有完美的面孔、身材和性格，可能没有完美的事业；有完美的面孔、身材、性格与事业，可能错过完美的爱情……

人生，就是一场不完美的局，女人尤其要清醒地面对。

那么，什么是女人的美呢，林德伯格的回答是：**没有真相就没有美**。

真相是什么？真相是像你我这样的普通女人，身材不算卓越，面孔不算漂亮，可是我们每一个人，都有自己的美，都有自己定义的性感。性感并不是只来自身材，还来自女人的自信。林德伯格在一次采访中说："对我来说，一个能对自己说'Yes'（是的）的人，就是美的。"

身材胖或瘦，眼睛大或小，脸型方或圆，青春年少或不惑之年，只要你肯对着镜子里的自己说"Yes"，你就是美的。所以，一个女人性感的答案，在于自己对自己的认知和认可。

我存了几本林德伯格的大画册，常常翻看他镜头下那些生动的面孔，我想，一定有记者问过这位摄影大师吧：女人的性感是什么？他大概会答：每个女人，都有属于自己的性感定义，干吗要问男人呢？如同每个美丽女人，在他的镜头下呈现出的，都是不一样的美。

女人五十后，我对性感又有了全新的认识。

51 岁给自己的生日礼物是一年的普拉提私教课，在艰难的开始之后，渐入佳境，爱上这项运动。现在已上过百节普拉提课程，身体和体态发生了很大变化。某日去上课，普拉提教室外飘过一个女人的背影，短发，黑衣，很瘦，很挺，很飘逸，重点是轻盈若仙，好像一阵春风飘过。

被那个一闪而过的背影迷住，好性感。问教练："那是谁？是这里的学员吗？"教练自豪地说："是不是很美？她是我们老板，七十几岁啦。看到她，就会想再忙再难，女人也要坚持练普拉提。""那么，正面怎么样？""正面啊，是一脸的沉静、柔和，每一道皱纹都加深了她的阅历之美。"

那个午后，因为那个背影，我重新思忖了性感的定义。当一个女人不再年轻，性感是一种轻盈的上升力，将岁月举重若轻地放下，静水深流，荣辱不惊，身轻如燕。

# 小女子换季衣橱

对于爱穿的女人来说，衣橱多大，都不够大。

我常常用环保理论来说服自己，少买一件，就是为世界环保事业贡献了一分，但，明显这理由没有奏效。

我反复读过日本杂物管理咨询师山下英子写的《断舍离》，她的理念很棒：断绝不需要的东西，舍去多余的东西，脱离对物品的执着。

从大女人角度来看，特别赞同山下英子的理论。断舍离，是人生大智慧。从小女子角度来看，只按需来买，对漂亮衣服不再执着，那……人生还有趣吗？

小女子勤勤恳恳健身，就是为了夏天能穿进那件最美小裙啊！小女子兢兢业业上班，就是为了老天一换季，新衣买得起啊！

在我们从小接受的教育里，大部分妈妈和老师会告诉女孩子：如果做好学生，功课好品德好，就不应该在穿着上太花心思；大学里，穿得花枝招展的女学生，常常会被教授悄悄提醒：还是要把心思放学业上哟；入职场，有的公司很欢迎女员工穿着有自己的风格，但也有公司会忌讳女员工穿得太有风格……

女孩和女人，穿得美是天经地义，是我们向外表达自己的姿态，也是我们赖以抵御生活无常和人情冷暖的武器。

爱穿衣，会穿衣，
服装是女人一生的搭档；
不怠慢自己，
不怠慢每一套衣装。

摄影 / 王子千

在着装打扮上花的时间和心思，让我们心情好、更自信。合体精致有风格的衣装，是女人成长中，不会说话的闺蜜；是女人战斗中，不用拿枪的战友。

为什么要把爱学习和爱穿对立起来？为什么要把会工作和会穿对立起来？为什么要把有文化和迷打扮对立起来？为什么要把买书和买包对立起来？

关于换季，爱穿也爱买这么多年的我，有些诚恳建议：

**不是自己风格的衣服，请出衣橱。**

女孩子购物都有出错手的时候，大打折啊，被女朋友蛊惑啊，很开心或很不开心时乱买啊……这些衣服的价值，就是买回家再试一次的欣喜，然后就被打入冷宫。

不是自己那卦的衣服，再贵，也赶紧送朋友，或者二手处理掉。

我基本不太会穿超短裙，二三十岁的时候也不怎么穿，但匪夷所思地至少买过 20 条超短裙。女人啊，必须原谅自己有时乱买。

**请耐烦地再次试穿衣柜的衣服。**

每个女人都有一些固定的穿衣模式。比如我喜欢高腰裤，喜欢条纹衫，喜欢小黑裙；女友中有人喜欢西装，有人喜欢长裙，有人专爱印花和流苏……以上这些"喜欢"，不是天生而来，也不是一日之答案，是很多年勤奋地试来试去，才能最终知道自己"喜欢"什么。

每次看到有女孩子留言："忙得都没时间试衣服了……"我坚定地认为，这是偷懒的借口，试几件衣服能花多少时间？

不论家里多小，手头多窘，也请给自己置办一面穿衣镜。镜子比所有美图软件都诚实，会告诉我们自己真正的样子。

你只有愿意试，反复试，才知道去年前年大前年，自己买的那条裙，现在穿是不是还好看。也会知道哪个颜色，看起来脸色好看；哪个款式，穿起来显瘦；哪条裙或裤，穿起来给自己提气。

　　**摒弃舒服到没型的衣服。**

　　穿衣不是为了舒服吗？是，但穿衣还为了有型。

　　穿衣和做人一样，凡事有度。舒服没有错，但不能舒服得没了型。

　　女友在网上买了一条号称"舒服到爆、舍不得换"的裤子，就是一条运动裤，腰肥腿肥，胖五斤都穿得进。那个冬天，她不知不觉胖了七八斤，开春一咬牙，丢了这条"舒服"的裤子。

　　若没有一颗坚硬的自律心，请挺拔的裙和裤帮助我们自律。略略紧身的裤和裙，衣柜里最好常备三两件。试穿时一照镜子，哎哟，胖了，肿了，不好看了，即刻开始健身，调整食谱，一切都来得及。

　　每一次换季，不仅是女人整理衣橱的机会，也是女人整理心情、整理身材的机会。不怠慢自己，从认真对待换季衣橱开始。

# 从高跟鞋到小白鞋

我 30 岁前后，开始迷恋高跟鞋，迷得五迷三道。

每天不踩上一双高跟鞋出门，就觉自己矮了半截。一路高喊：女人只有蹬上高跟鞋，才有更高的角度看世界。

那时美剧《欲望都市》正热播，爱上会写文章也会踩高跟的 Carrie，落笔有神，脚下生风。因为她下狠手买过几百美金一双的 Manolo。

十八年前，第一次和 Roger Vivier 的大老板，一位可敬又可爱的意大利爷爷吃饭。那天，我穿了一双尖头黑色高跟鞋。鞋头尖得简直像件武器。

爷爷盯着我的尖头鞋问："中国女孩子都喜欢这么尖的鞋啊……"上甜点时，老爷子说："你要尝试一下方头高跟鞋，感觉会和尖头很不一样。"当时 RV 还没有进入中国市场，我还不知"方头"是一种什么感觉。

爷爷送了我一双黑白相间的方头 RV，鞋头是方的，鞋面有方扣，10 厘米鞋跟，也是方的，穿上不累又很稳。那双鞋一直是挚爱，有一种复古优雅感。

从此开始痴迷方头船鞋，至今如是。

《优雅》里有篇小文《高跟鞋的高度》，把自己穿过的从 2 厘米到 12 厘米的高跟鞋都细细分析了一遍。前阵子收拾鞋柜，收拾出高高一摞 10 厘米的高跟鞋，自己也惊到，当年穿着如此咄咄逼人的高度，是如何可以健步如飞地奔波忙碌。而且，记忆里竟然没有一次穿高跟鞋摔倒的尴尬。

这几年，时尚风云在脚下，一夜之间变成小白鞋。我一腔热情地拥抱新潮流。

为了搭配小白鞋，天翻地覆地收拾了几遍衣柜。有些裙，只能配高跟鞋才美，先打入冷宫；有些裙，穿跑鞋也有风情。后来发现，其实只要搭配得好，大部分裙，都可以完美搭配小白鞋。

**小白鞋让双脚舒服和自如，让女人从容地平视生活。**

品牌最知女人心。所有时装屋都推出了风格各异的小白鞋，还有不少介于从前恨天高和今天小白鞋之间的 2—3 厘米的低跟鞋以及淑女小平跟。必须推荐神奇的内增高小白鞋，貌似平跟，穿上能把腿拉长 1—2 厘米，又舒服又提气。

我有一双香奈儿丁字小平跟，鞋面缀着两颗白珍珠，有淡淡的童话感。穿得很旧了，依然当宝贝。丁字皮鞋是少女时代的记忆，曾坚定地认为，长大以后仍心心念念丁字皮鞋的女人，成熟不失纯真。

在秀场，看到过几次模特因为鞋跟太高、地面又太滑，一不小心摔倒的画面。秀场行规是无论发生什么事，秀不能停。摔倒的模特会迅速爬起来，有时自己穿上鞋，有时干脆光着脚，继续按照音乐的节奏，走完全程。

我每次看到这样的画面，一边为模特姑娘捏把汗，一边给爬起来的姑娘鼓着掌，一边下意识地看看自己的鞋。若踩着高跟，想着一会秀结束，人山人海、熙熙攘攘往外冲时，可是要仔细稳稳地走。

**稳稳地走，挺胸抬头，真心是高跟鞋给我上的人生一课。**

从前看秀，常常踩着高跟鞋，包里再塞一双平跟鞋。累得穿着高跟跑不起来的时候，就换上小平跟。秀场编辑们鞋跟的趋势，是每天晨钟暮鼓般地从高到低。上午的秀，女编辑们齐刷刷地一片高跟；到晚上最后一场，满场都是平跟。编辑部办公室，女孩子桌下，要么扔着一双恨天高，晚上去派对或活动前换上；要么甩着一双小平拖，赶稿回邮件时，随时把双脚从高跟鞋中解放出来舒坦一下。

小白鞋现在是标配。上班、出差、旅行，走到哪穿到哪。

流行趋势就是这样，风一阵，雨一阵。

做时尚这行二十年，反而习惯了逆流行而思维。

小白鞋没有大流行的时候，喜欢试着穿小白鞋搭配职业装甚至礼服，觉得运动鞋也可以很优雅；如今满街都是穿着小白鞋配裙或配裤的时髦女孩，又开始思念高跟鞋，高跟鞋才有童话里水晶鞋的奇妙与梦幻感。

高跟鞋和跑鞋，就像女人的两个状态，都穿过，人生的样子才丰盈。

愿有高跟鞋也有跑鞋，可妖娆也可酷帅。愿有高度也有稳度，可登高望远亦可脚踏实地。愿对过往情深义重，愿对未来高瞻远瞩，愿一直有勇气踏上说走就走的新旅程。

## 克制是一种高级情绪美

很多人误会了克制。**克制不是忍耐，不是忍辱负重，克制是有度。**

不开心想发火的时候，有度；成功狂喜的时候，也有度。

年轻时，我们觉得发脾气是"爽"，想爱就爱，想骂就骂，说出去的话、甩出去的表情，很多都禁不起掂量。

现实很残酷，你会发现：最好的朋友、青梅竹马的玩伴或大学同窗，竟念念不忘自己一时出口说过的伤人话；身边最近的人、亲人或爱人，会为一两句脱口而出的话斤斤计较，心里过不去。

如果你是一个母亲，会发现在教育孩子时，发火是最笨拙无用的沟通方式。

熟悉的人，担不起我们的即兴之火，不熟悉的人，更担不起。

在职场里，办公室里的发火、牢骚、出言不逊、骂骂咧咧，只会让同事瞧不起，为自己减分。除非你是天才。据说乔布斯脾气不大好，但他是乔布斯。

出外旅行或出差，在一座陌生城市，因为某一件不如意的小事，比如不好的服务，或者怀疑被坑骗，大嚷大叫几乎是最无用的方法，还有可能为自己招致祸端。只有冷静处理，才有解决方案。

当一个人成功时、坐高位时、一夜成名或暴富时，只有克制自己的狂喜与得意，谨言慎行，成功才是一条长路。不然，德不配位，很可能飞得越高跌得越狠。

想起写"克制"，缘于最近去了北京 798 的木木美术馆，看了乔治·莫兰迪"桌子上的风景"大展。

即使你不是艺术爱好者，莫兰迪也不是一个陌生的名字。莫兰迪色，这种在所有纯色里加了灰的柔和淡雅色调，这几年流行于时装面料和家居设计，甚至在电视剧场景设计里，美工都会专门设计莫兰迪色调。

莫兰迪的生平，一点都不活色生香，堪称执着枯燥。莫兰迪生于意大利博洛尼亚，一辈子只出城一次，为了看他的偶像塞尚的画展。他没有结婚，窝在九平米的卧室兼画室里，与他的画布、颜料和他最爱画的瓶子、立体方块、鲜花以及小窗外的风景为伴一生。

美术馆里看展的人很多，每个人都有喜欢莫兰迪的不同理由。有人喜欢他的颜色，有人喜欢他的技法，有人喜欢他的细腻，有人喜欢他的佛性。

我喜欢莫兰迪的克制，他用他的画笔，完美呈现了人性克制之美。

无论你怀着如何激烈、复杂、喧闹的心情走进美术馆，只要耐心在他的画前站立二十分钟，就可以感受到平静、淡泊、清雅，一种与世无争、只和自己对话的神境。

常有人说莫兰迪的画有治愈感，也许因为他的笔下都是不会说话的静物：瓶子、罐子、树木、房屋、林间小道，到了老年之作，只有深深浅浅的线条；也许因为他惯用的颜色都很温和，饱和度低、平静舒缓，晚期所有色彩归一，纸上只有黑白灰。

分寸感，
是人生最微小、
最敏感的距离。

摄影 / 闻晓阳

看凡·高，你会感受到画家狂热如焰火般的生命感；莫兰迪相反，是一种安静如海平面般的生命感。

看毕加索，你会感受到画家风流倜傥的一生，女人是他画布上的灵光；莫兰迪相反，他像是旧时深山里修行的和尚，用一笔一画念经，只为心中的信念。

在展厅遇见木木美术馆的创始人林瀚弟弟，他说了一段话，特别好："为什么要看莫兰迪？除了艺术的价值，大概是因为我们生活得太热闹，每个人的生活都不断被外界定义，每个人都需要有机会向内心看，莫兰迪的画，恰好可以点亮人内心的光。"

莫兰迪一生没有恋爱，他用他的画向这个世界表白。所以他的作品里，看得到静谧，看不到爱情。

看展时，听到一对年轻情侣窃窃私语。女孩说："莫兰迪好可怜，一辈子只有这些瓶瓶罐罐。"男孩说："反正你有我。"

听到时，笑了，男孩好会说话。不知男孩女孩是否听过那句意味深长的爱情箴言：喜欢是放肆，爱是克制。

男孩女孩再过几年，一定会更懂莫兰迪——**即使有你，有爱情，每个成人依然是孤独的，所以我们永远需要有自己。**

曾经和一位资深心理学家喝茶，他讲了一个很实用的"克制"方法：

当你很得意或者被气炸的那一瞬，让自己深呼吸，再深呼吸，三个深呼吸后，你的意志力可以回到正常，会把骄横和愤怒化解一半。把这个呼吸动作养成习惯，就容易成为一个有涵养的人。

**涵养说到底，是内里丰盈厚实，对外张弛有度。**

一个人，若有能力对抗这个世界的嚣张、混乱和不堪，若可以原谅遇到的欺骗、背叛和不公，会因为这个人很有钱有势吗？不是，有钱有势的人，也有很多心底不能承受之痛；无钱无势，也有很多活得踏实自在的人。

一个人能够心安静定，最终靠的是自己内心的力量。

# 世上并没有"平替"

做短视频这一年，固定每周在视频号、小红书和抖音上更新三到四条内容。每逢推荐的东西小贵，留言区就哗啦啦一片：请问这件衬衫（这个包、这条仔裤、这双小白鞋、这瓶香水……）有没有"平替"？

"平替"的意思是：这东西很好，可是太贵，有没有和它一样好但是价格便宜的平价替代品？

我不大敢在留言区直言回复"没有"，恐招来一群键盘侠来杠，百口莫辩。

可是，大家真的不知道吗——这世上并没有"平替"。

**无关价格，无关贫富，"平替"是一种自欺欺人的生活态度。**

二十多年前第一次去香港，在超市里看到李锦记的酱油，当时想，标错价格了吧，怎么这么贵！团里有一位擅长厨艺的姐妹"咬牙"买了一瓶，回北京在厨房里试了后惊呼，原来一瓶好酱油真可以把味道提升一个档次。

我从小喝中药长大，爸爸只认同仁堂。老爸平时相当节俭，大暑的天气都舍不得开空调，可在中药这事上老爷子不含糊。院里另一位老爷子告诉他，可以在一家新中药店买到比同仁堂便宜一二成的同款中药，老爸就说："你那家店开了才两三年，同仁堂康熙年间就有啊，三百多年，怎么比，这能叫'同款'吗？"

我上班挣钱后，就是一个败包的女子，喜欢买包，每当想犒劳自己的时候，三四十岁时的首选都是给自己置办个新包。二十年前，北京有一条声名远扬的秀水街，其中窄窄的巷子里很多摊位都是卖名牌包的"A货"。看起来"真"到乱人眼，可是只要和真包摆在一起，仿冒品的所有缺点就惨烈地暴露无遗。

有一位前辈的观点特别好，后来在时装编辑部，我常常用这句话提醒编辑部的年轻人："不拿名牌包，一点都不丢人，丢人的是用假包充门面。我们这行靠创意吃饭，用仿制品就像做小偷，偷别人的创意，丢了自己的骨气。"

最近学习小红书和抖音，常常在博主直播中听到："这是某某大牌的平替。""某牌一条瑜伽裤要七八百元，我们只要一百五十元……"

工作室小伙伴下手试了好几次，每次收到货，都有"上当"的感觉，样子是有几分像，视频里小姐姐忽悠得天花乱坠，可是收到货看到面料、版型、针脚、包装，实在和某某牌不能相提并论，最多是东施效颦。

也不同意"便宜没好货"这句话。便宜的东西，亦有值得消费的好货，只是不能期待"便宜"可以达到"贵"的标准。便宜有好货；贵，则另有贵的价值。

这就像我们吃饭。家常菜很便宜，炒一盘醋熘土豆丝，炖一锅排骨白菜，很香。但咱们不能说，这顿饭是米其林的"平替"。

就我去过的全世界数家米其林餐厅而论，没有一家徒有虚名。优美的环境、贴心的服务、珍贵的食材、高超的厨艺、讲究的餐具，以及每道菜的神奇传说，每次去米其林都是难忘的记忆。

家常菜有家常菜的温馨，米其林有米其林的高级，谁也替不了谁，在生活中各司其职。

我喜欢爱马仕的 Kelly bag，也喜欢美术馆展览特制的布包。Kelly 带给我的满足感，和布包带给我的满足感，是两条不会相交的平行线。买了二十个布包，我还是想要一个喜欢的 Kelly；拥有了 Kelly，也依然会不停地在看过喜欢的展览后，买一个本次展览的纪念布包。

通常，美术馆的展览布包，比网上同等材质的布包，至少要贵两三倍。贵在哪里了呢？生意人会说"因为是在不同地方卖"，一个是在网上无名小店，一个是在美术馆里。

而我的答案是：贵在那个布包承载的记忆，上面印着曾经感动我的那幅画，或者那个展览的海报。每当背起这个布包，就会想起自己那一天在这场展览里，曾经心动。

不是所有昂贵的东西都物有所值，但这世上绝大部分价格不菲的好物，有其无法被"平替"的价值。

女儿喜欢《哈利·波特》，有一阵子天天惦记"魔法棒"。期末考试前说："妈妈，有没有一种魔法棒，点我一下，明天就能考好？"

"平替"的心理，就像这根魔法棒，好像通过某种捷径，就可以得到我们可望而不可即的事物，是自欺欺人。

安于自己能够承担的价格范围内的好物，去了解那些承担不起但依然向往的好物之美学价值和情感价值，物质不足够富足时，精神依然可以富足。

# 上海时装周纪事

2002 年，我在本土杂志 *iLOOK* 做主编，那年上海时装周开锣第一年第一季，记得自己专程飞上海去看维维安·韦斯特伍德（Vivienne Westwood）的大秀。

那时的我，是时装行业初出茅庐的小编辑，对产业充满好奇。那一年也刚刚开始飞巴黎看秀，听说我们自己的国家也开始举办时装周，特别兴奋。

2006 年到 *ELLE* 任职，上海时装周就像我在时尚行业的娘家一样，每季都会去看几场中国设计师的秀。在上海时装周的平台上，认识了很多中国设计师朋友。

我离开 *ELLE* 主编位置后第一年，收到上海时装周的邀请，以"时装周推广大使"的全新身份，回归时装周。时装周从来没有过"大使"，我是第一个，倍感荣耀。这个行业曾经给我很多，想用自己的经验和人脉，帮助本土年轻设计师，回馈这个行业。上海时装周，就是最合适的娘家平台。

自己在时装行业的成长过程，就像一个风筝，曾经只想飞得更高更远，天有多宽广，心就有多大；很多年后，女孩长大，落叶归根，落在娘家的土地上，扶持、帮助那些和她当年一样年轻有勇气的女孩子，也飞得更高更远。

写这篇零零散散的纪事时，我已经做满三年大使的工作，正在准备开始新的三年。人生总有一些人、一些地方、一些事，在你的人生中反复相遇，而每一次再相遇时，都有新的火花闪现。

### 一棵树的故事

设计师邱昊人称"邱老爷"，2006 年创立同名品牌 QIUHAO，2008 年在巴黎获得羊毛标志全球唯一金奖。我在那时认识他，开始关注他的设计，穿过他很多件有型的大衣。这一季时装周，是 QIUHAO 第 32 个系列发布。

这么多年，任潮流变化，邱昊不赶流行，不追时髦，他设计的衣服一如既往地干净、简约，面料讲究，廓形特别，线条流畅。

在上海西岸 ONTIME 主理人豆豆帮邱昊安排的一间特别的陈列房间（showroom）门口，有一棵缀满绿叶子的树，和屋子里的时装相映生辉，很迷人。邱昊说 2019 年决定把每季 showroom 放到这里时，这是一棵没有叶子的枯树，而且，不知曾经做过什么用途，被钉上了几颗铁钉子。在装修这里时，邱昊坚持每天和这棵树说话聊天，把树上原来的铁钉子一颗颗拔掉，告诉大树：你不疼了吧，开展的时候希望你能长出绿油油的叶子。

奇迹发生了，这棵树在邱昊每天絮絮叨叨的聊天中，枯树逢春，一点点发出绿芽。到开展的日子时，真的绿叶繁茂，变成现在的样子。

这听起来像个童话，可我信这个故事。邱昊说："树是有灵魂的，衣服是有灵魂的，万物皆有生灵。"

我很被邱昊这段话打动，无论是做衣服的，还是做杯子的，或是做口红的，每件产品都是有灵魂的。你相信这一点，你做出的东西，才有灵魂。

## 从巴黎到上海的 DAWEI

大约十二三年前，*ELLE* 法国版主办一场设计新秀大赛，评委有让－保罗·高缇耶（Jean Pawl Gautier）、卡尔·拉格斐（Karl Lagerfeld）等厉害的国际设计大师。我记得自己拿到那期法版杂志时，认真地浏览得奖设计师名单，看到一个名字——DAWEI，很像中国人的拼音，马上写邮件问法国主编，得奖人 DAWEI 是不是中国人。很快，法版主编回复：是呢，就是中国设计师！我由此认识了当时在巴黎学习和工作的中国设计师孙大为，后来他在巴黎创立了同名品牌 DAWEI。

大为每季在巴黎时装周期间发布自己品牌的新系列。去巴黎看秀的时候，中国媒体的编辑们都相约去看他的设计。欧洲买手们很喜欢这个中国设计师的作品。他在巴黎的工作室有一只可爱的小猫，也是他的设计灵感之一。他会为大家准备好中国热茶，还有一些巴黎点心，编辑们每次去他那里，就像一次中国同行的小小聚会。

每当巴黎时装周期间蓦然降温的时候，我就跑去大为的 showroom 借一件大衣，裹上身继续赶秀。他总是开玩笑说："姐，记得巴黎这里有你一个小衣橱。"我穿上他设计的衣服风尘仆仆地回到秀场时，若有人夸奖，总是自豪地介绍：这是我们中国设计师的衣服。

疫情第二年，是大为第一次回国做秀，我第一时间就去他在上海的 showroom 看老朋友。整个系列既有东方韵味，又有法式优雅，羞涩的大为搓着手说："真希望祖国爱时髦的女孩也喜欢自己的设计啊。"

在上海时装周这个平台上，我认识了很多中国设计师，从上海起步，走向世界；或者从巴黎、伦敦、纽约起步，周周转转，又回到上海。很荣幸见证这个过程。

## 成为主持人

2021 年 4 月，作为时装周大使和论坛发起人，开始帮上海时装周策划、组织"微光聚力"女性论坛。活动缘起于在时装周 T 台上下的工作人员，女性高达 70% 以上，领导说："雪大使，除了秀场，除了让女人们美，你要再做一点鼓励女性的事啊，鼓励女性创业，鼓励女性更自信更勇敢，鼓励女人帮助女人。"

每个女人都是一束微光，每个人都有自己微小的成长故事，而聚集起来，我们都将更有力量，照耀更多姐妹——这是"微光聚力"名字的由来。

每季论坛，我负责邀请嘉宾，帮助每位嘉宾准备演讲稿，一字一句修改。这本来就是一个主编的基本功，这些事难不倒我。但是，有一件事难住我了，就是做每季论坛的主持人。

论坛现场直播，在线观看的网友从开始的几十万到现在的几百万人，我这个业余主持人在两个半小时的直播中，不能有任何闪失。

直播的主持稿，是我自己写的，组委会的领导们会帮我把关，再修正每一段。可是自己写的稿子，并不意味着可以自如地说出。

论坛的圆桌环节，是几位女性一起聊天，这一段并没有完整的稿子，每位嘉宾都是即兴聊天，有人现场发挥有黑马般的惊喜，也有人忽然就忘了要说什么。我要记得自己的词，还要随时准备救场、接话，让直播不出现任何尴尬的情况。

做论坛主持，这是我职场生涯的空白处。我甚至都没来得及去向专业主持人朋友多请教些秘诀，就毫无退路地上场了。

第一季头一天晚上紧张得没怎么睡；第二季背稿子背到凌晨3点；第三季现场忘了词，义无反顾地即兴发挥，结果大家说效果很好。

几季做下来，论坛的影响力越来越大，2023年4月还因为张静初的演讲，论坛上了微博热搜。我的主持水平，也悄悄地一季比一季娴熟。

## 回到秀场

大使更多的工作在秀场之外，偶尔回到秀场，也有开心的时候。

陈鹏是小有名气的年轻设计师，他是那季时装周"YU PRIZE创意大奖"得主，在颁奖晚宴上，我给陈鹏颁的奖。颁奖时，我悄悄对小伙子说："设计是一件枯燥的事，你要坚持下去，这么好的开始，无论遇到什么情况，不要轻易放弃。"当时想着，除了颁奖外，要去细细看看他的设计，帮他提些建议。

几天后，专门去陈鹏在西岸的秀场。他说准备得很匆忙，有很多不满意的地方。我跟他说："T台就没有完美的秀，大设计师的秀也常常留下遗憾，重要的是，秀开始了，灯光亮起来，你的衣服被模特穿着，走起来了！"

对年轻人来说，有什么比走起来更重要呢。

2022 年 9 月，设计师华娟（JUDYHUA）在上海时装周做大秀。2010 年我在上海时装周认识了她，她是那季上海时装周"最具风格奖"得主，我是颁奖人；次年，她获得 ELLE 风尚大奖的"年度设计师大奖"，我还是颁奖人。

华娟设计的衣服简单大气，廓形特别，和她本人一样，有艺术家的气质，低调又有品位，数年来我穿她设计的衣服出席过中外很多重要场合。每一次都被夸赞，每一次我都耐心地告诉人家：这是一个叫 JUDY 的上海设计师的作品。

坐在新天地 JUDY 的秀场时，心里默默感慨，当与一个设计师和品牌相处十年以上时，就好像是看家人。你期待她更好，又为她捏着一把汗，你不知道怎么能帮上她更多忙，只是心里默默祝福能有越来越多的人爱上她设计的衣服。

吕燕的品牌 COMMEMOI 的秀，每季都在现场为她加油。在我做两本杂志主编的生涯中，都拍过吕燕超模时期的封面。在 *iLOOK* 拍她时，她还不到 20 岁，小荷才露尖尖角；在 *ELLE* 拍她时，她刚刚做了妈妈，抱着儿子一起上了 *ELLE* 母亲节主题封面。吕燕十年前转型做品牌设计师和主理人，坐在她的秀场，心潮起伏，当大秀结束，看高挑个子的她跑出来谢幕时，好像看到我们共同经历的青春，在音乐、模特和她设计的新装中穿梭。

每季上海时装周，都不会错过蕾虎（LABELHOOD）的社区，主理人 Tasha 比我年轻十几岁，我常常开玩笑说是看着她成长起来的。蕾虎开店的初心，是支持中国年轻设计师，让消费者穿上自己设计师的衣服。*ELLE* 时装组曾经在蕾虎在上海的第一家小店，做过一场白衬衫派对，每个人穿一件中国设计师设计的白衬衫，帮助小店宣传。

这一季去看 Tasha 时，她正在油罐艺术中心的蕾虎秀场忙活："姐来得正好，虽然姐看过二十年秀，但一定没和年轻消费者一起看过秀。"这一季蕾虎设计师的秀都走两场，一场很熟悉，是给媒体、买手和 KOL 等业内人士看的；另一场是蕾虎为消费者安排了专场秀，秀前网上报名抢票，每个消费者都有机会来到自己喜欢的设计师秀场。我刚好赶上了年轻潮牌 ROARINGWILD 的顾客场，满场的年轻人穿的都是和 T 台上的设计一个风格，一看就是品牌的爱用者，全场欢呼不断，又潮又酷。

这是两个深圳大学毕业的"90 后"男孩创立打理的品牌，生意不错，有声有色。秀后，和他们站在油罐艺术中心的广场，阳光正好，聊了一个小时。我们是时尚行业的两代人，成长路径非常不一样，他们启发了我，我也启发了年轻人。

其实人无论多大，20 岁或者 50 岁，无论在人生哪个阶段，正成功或刚失败，刚起步或正腾飞，不断学习才有趣，才可以感受自己所在行业的朝气蓬勃。

每季时装周我都专门找小半天在 Tasha 的年轻设计师场子里"混"，喜欢和"95 后"，甚至"00 后"刚毕业的设计师们聊天，年轻人需要我的经验，我需要年轻人的新鲜想法。同一个行业不同年龄段之间的交流，是彼此的启发和滋养。

## 没有永远的对手

2020 年 10 月，是我以时装周大使身份第一次加入时装周工作。时装周开始的第二天，在世贸中心组委会交易会场 MODE，看到《VOGUE 服饰与美容》为时装周做的《每日快讯》，这份简报就像一份号外，在时装周所有场地都有。

门口的姑娘认出我，眨眨眼睛说："雪姐，你上 *VOGUE* 了呦！"翻开手里的 *VOGUE* 号外，头条内容是关于我担任时装周推广大使的报道。

看到这一页时，百感交集。

在时尚媒体行业，*VOGUE* 和 *ELLE* 互为最强对手。这份和上海时装周合作的《每日快讯》做了多年，很有影响力。当年，任 *ELLE* 主编的我，曾经对这份对手的号外既羡慕又嫉妒，和团队小伙伴们想过很多主意，如何让 *ELLE* 在上海时装周也能更有影响力。

想不到有一天，自己的名字和照片，会出现在 *VOGUE* 的报道里。

无论职场还是人生，并没有永远的对手。

那一季上海时装周的主题是"迭变起航"（Bloom The Spring）。后疫情时代，整个市场更迭起始，蝶翼纷飞，以终为始，蓄势起航。

对我来说，在上海时装周做大使的工作，就像职场的一次"以终为始"，见旧人，做新事。回头看，是熟悉的新天地秀场、设计师们的青春和那个曾经的女主编；往前看，是全新的视野、格局和全新的我们。

## 每个人都有自己的"围城"

聊起时装周，我身边不在时尚产业工作的朋友，尤其其他行业的钢铁直男兄弟们总是说："时装周不就是看秀嘛！多轻松的事。"

我每次都认真解释："为一场秀的付出，T台上下的工作人员不休不眠，很不轻松；而且，时装周不仅是秀场，还有那些没有明星和八卦的后台、工作坊、展会、研讨会，T台外还有好多工作呢。"

我 29 岁开始在时尚媒体工作，彼时最向往的工作就是去巴黎时装周看秀，那时想不到，一看就是二十年。

那时看秀如醉如痴，把自己打扮得好看体面，坐在秀场里，拥挤着熙攘着，等着音乐响起，模特走来，繁花盛开，一场秀十分钟左右，就如一场好梦。

梦里繁花似锦，梦醒风雨兼程。

做时尚主编二十年，每年两次去国外时装周看成衣秀，每季在纽约、伦敦、米兰和巴黎中选两座城市，一座城市待七八天。赶秀赶到一天只吃一顿饭，跨越千里万里，飞得不亦乐乎。每到时装季，我和我时尚行业的战友们，包括新老媒体的编辑们、品牌公关们、时尚达人们，大家都纷纷在朋友圈前赴后继地用自己的方式记录着每场大秀。

我最喜欢记录每场大秀结束后最后的谢幕那一分钟，模特们鱼贯而入，华服排队而出，设计师或高调或害羞地谢幕。很多场秀的这一刻，我都曾经热泪盈眶。

我曾经以为，会热爱看秀一辈子，直到再也跑不动。可疯狂赶秀十几年后，竟然渐渐心生厌倦。

去时装周看秀，就像是我职场中的一座"围城"；我和秀场头排，就像曾经的一场热恋，曾经那么想要、那么荣耀和那么享受。有一天发现，头排还是头排，可是自己"变心"了。变心的我，更有兴趣深耕于一个品牌的运营、面料、设计、供应链、价格、市场、销售渠道、品牌定位、消费者洞察、时尚可持续发展……不再迷恋只有十分钟的梦，而迷上了背后的造梦工厂。

这也许是一个爱看秀的时装编辑的成长，也许是一个人一件事重复二十年后，量变引发了质变。

不再是主编，但还是一个媒体人，一个时装周背后的推手，换一个身份再次面对秀场，有和从前完全不一样的感受。

2022 年 9 月巴黎时装周期间，迪奥（DIOR）在上海一家影棚里搭建了一个 DIOR 空间，邀请品牌好友在这里和网友一起直播看秀。我被邀请和品牌的代言明星们一起坐在棚里，为网友现场讲解 DIOR本季成衣秀背后的设计师灵感和艺术装置。我喜欢这个工作，不仅看秀，而且讲秀。我看了上百页和秀有关的资料，在直播间不仅讲衣服的款式与材质，还讲到法国历史、意大利文艺复兴、佛罗伦萨美第奇家族的故事……这些都是一个品牌 logo 背后的故事。帮助热爱时装的女孩更了解品牌，更看得懂一场秀。

在同年上海时装周的一个展会里，偶遇行业前辈。前辈见我正在为拒绝很多朋友的品牌秀场邀请而苦恼，就开解我："如果你是一个时装品牌缔造者，为做一场好秀呕心沥血，你当然希望自己的秀能请到很多有影响力的人来看，朋友圈刷屏也是一种至上荣耀。所以，请你去看秀的朋友是真诚的。你没时间去，要同样真诚地拒绝。你不再是杂志主编，不想坐在老位置重复从前的事。你现在是时装周幕后推手，不恋秀场头排，而是更辛苦地去忙那些别人看不到的事：跑展会，和品牌掌门人聊天，为年轻设计师答疑解惑，策划女性论坛，又主持又帮所有演讲人改稿子……"

我跟前辈汇报："就是每天在忙这些事啊，嗓子每天都说哑了，还特开心。我老了吧？是不是人老了会对一件事改变看法？"

前辈大笑："你都风光二十年了，再不老成妖精啦。人年轻时，都会被事情的表面风光吸引，那些风光是好的，只要不沉迷执着，也是一个人成长的正向力量。**做一个风光缔造者，比仅沉醉于风光，要有价值得多。**你不是'老了'，是在这个产业里，长大了，成熟了，想明白了。"

离开 *ELLE* 主编位置，为上海时装周忙碌几年下来，我发现自己其实还是很爱秀场，只是爱的方式和以前不同。现在为一场秀的衣服、造型、音乐、装置甚至模特出场顺序，会和品牌主理人讨论半天；为产品设计或营销、推广、宣传，和品牌团队推心置腹地聊天。有时忘记自己曾经是每每必坐头排看完秀就跑着赶下一场的主编，不再痴迷那个头排位置，不再局限于 T 台表面，在秀场找到了自己新的价值。

前辈说："看秀或者不看秀，都是一种形式，别让自己被形式束

秀场是我的职场"围城",
在外面的时候想冲进去,
进去二十年又想逃出来,
人生也是一场"围城",
唯热爱让人坚持。

摄影 / 付泉浩

缚。你依然想看的秀，比如很新很有趣的年轻设计师、第一次来时装周走秀的跨界品牌，或者会给自己启发和灵感的特别秀场，或者就是支持老朋友们，请继续去看。要放弃的，是打卡跑场式的看秀，要节省时间和能量，用自己的经验和人脉，去帮助产业里的年轻品牌和设计师。"

前辈一席话，舒畅透彻，照亮前面的路。

时装周秀场，对我来说，就像人生中遇见的一座"围城"。

在看这篇文章的你，也许不在秀场"围城"中，但每个人都会有让自己渴望、热爱、纠结和困惑的"围城"。

人一生中，会数次遭遇自己的"围城"，是冲进去还是跑出来，是追逐还是放弃，是坚持还是改变，思考与取舍的标准，应是自己的初心。

# 普拉提100节课

转身成为自媒体人之后，常常要帮品牌拍摄图片或视频。看到成片时，愕然发现自己竟然驼背得很厉害；再拍的时候，下意识地去挺，挺得很辛苦，一场拍摄下来腰酸背痛，像干了一天体力活，可是照片和视频出来后，觉得自己的背，依然不够挺拔。

之前几十年不离电脑和手机的工作——写文章，回邮件，做方案，24小时微信在线，常年低头伏案，让背部悄悄变了形。无奈之下，请教专业的形体教练，答案是"如果要从根本上改变体态，普拉提是很好的选择，能增强核心力，站姿、坐姿会有根本性的改变"。

于是在2021年夏天，决定送自己一年的普拉提私教课，作为自己51岁的生日礼物。

第一次上课前，对普拉提的了解，只限于网上查到的各种资料。我的教练是一位三十几岁的漂亮女孩，她说普拉提前辈说过一句话，曾经很打动她，希望也打动我："Your posture is your best jewellery（你的姿态是你最好的珠宝）。"

## 从 1 到 7

第一堂课，只能用"手足无措"四个字来形容。

从前练过两年瑜伽，但又停了两年，要重新学习呼吸。每一个姿势，都很艰难，很有挑战。"普拉提是一种全身协调运动，强调对核心肌群的控制，加强人脑对肢体以及骨骼肌肉的神经感应及支配，配合正确的呼吸方法进行。"——这段简单的普拉提概念，听起来容易，做起来如读天书般懵懂。

第二堂课、第三堂课之后，累到深刻怀疑自己的身体有问题。手脚很容易就麻了，眼压很容易就不适了，头很容易就天旋地转了。我反复问教练："您教过我这个年龄段的学生吗？我是不是不适合普拉提？"

第四堂课、第五堂课、第六堂课，愈发艰难，只觉胳膊和腿不是自己的。每次下课，心情沮丧，不断嘀咕：是不是选错了运动。其实课上的每个动作都很缓慢，看起来似乎运动量不大，但一小时下来，哪里都疼。

普拉提要求每个动作都要配合呼吸，极度专注，慢慢放，慢慢收，感受身体每个关节、每块肌肉的反应。走过半生，说过那么多话，忽然发现，原来和自己的身体对话，竟然这么难，是一场旷日持久的、拉锯扯锯般的磨合。

忍不住有放弃的念头，看不到成效，感受不到美好，每次下课累到气短。"这个运动一定不适合自己"，教练姑娘被我的反应吓到了，说："要么去医院照个片子，是不是骨头有问题。"我真的去问了常看的骨科医生，医生说："你的背部没有大问题，只是劳损严重，颈椎和腰椎时常有小错位。练普拉提对你太好了，要坚持下去啊！"

教练姑娘非常坚定地告诉我："没有人不适合普拉提，很多骨折的病人、跳舞跳伤的舞者、运动练伤的运动员，都靠练习普拉提修

向上的姿态，
优美的姿态，
不服输的姿态，
姿态是女人身上最好的珠宝。

摄影 / 秦颖

复。普拉提的诞生，是当年一个德国人为了帮助"二战"伤兵康复而发明的一套独特的训练动作。所以，我优雅的晓雪姐，您一定可以。"

第一堂课见面时，我就送了教练姑娘自己的书《优雅是种力量》，里面写了职场里的各种坚持与执着。教练姑娘说："就把您的优雅精神用在普拉提上吧。"搞得我不大好意思打退堂鼓。

第七堂课，转折点不期而遇地出现。这堂课，身体在某个瞬间像被打通般，感觉舒畅了，教练几次惊喜地说："身体被唤醒了，肌肉有记忆了，用力方法对了。"那种四肢舒畅、酸痛的感觉，像是经历一场浩劫后，在阳光下喝了一杯柠檬水。

## 21 节课

第二轮的七节课，反反复复。自己的身体好像是个新朋友，有时默契，有时要和意识互相找感觉。自己觉知了身体的很多小毛病：两条胳膊和两条腿，不一样长；而不一样长，不仅是天生问题，更是因长期发力不均造成的；全身都不算有力量，腹部和大腿尤其无力，这种无力，引起了曾经的腰疼和膝盖疼。

每次上课，就像是探索自己的身体，呼吸是钥匙。最难的还不是姿势不到位，而是专注。不能走神，你的意识和你的动作，要在一呼一吸里达到高度和谐。和谐时，很明显，那个动作就接近圆满；不和谐时，走一点神，呼吸乱了，整个动作也乱了节奏。专注一小时于自己的身体——胳膊、臂膀、肩颈、胯骨、脊柱、腹肌、脚趾……这件事，超乎想象地难。

大脑还在努力去学会聚精会神，身体却有了越来越清晰的记忆和反应。从来都觉得是大脑"统治"身体；普拉提却让我觉得，身体也可以"统治"大脑。

第三轮的七节课结束时，赶上给 ERDOS 拍摄广告片。在这次拍摄中，深深感受到自己的体态开始出现变化。不仅是原来期待的背部挺拔的改变，而是身体很多微小部位有了新的觉知，那些觉知，让大脑可以调动四肢，让它们呈现放松、优美的姿态。

想起幼时当语文老师的妈妈总是让我背诵名著段落，我背不下来时，妈妈就说："先读七遍，会好背一些。如果有耐心读上二十一遍，基本可以背下来。"

每个孩子都会被长辈打鸡血：坚持就是胜利。那时觉得"坚持"是一件有点无望的事情。练习普拉提后，忽然悟到，原来"坚持"是有规律的——先扛过一个"七"，再扛过第二个"七"，当扛到"三七二十一"时，曙光就在柳暗花明处。

## 49 节课后

"七七四十九"节课后，身体发生了奇妙的变化，四肢好像被这项运动唤醒了。

在镜头前很容易就可以挺直，可以舒展，伸缩自如；走路如风，端坐如钟；而且，肩颈酸痛那些老毛病，都得到明显缓解，原来每周都要去按摩，现在两三个月才去一次。

最近为蹀愫（TIGRISSO）高跟鞋拍摄商业宣传片，选了一双 10 厘米的高跟鞋。视频导演的创意是围绕着梯子上下的故事。影棚里支起一个小阶梯，拍摄时，要穿着高跟鞋在小梯子上上下下，来回数次。

如果是从前，踩着这么高的鞋跟十个小时，老腰早断了；而且很容易走不稳，小梯子很窄，要靠中部核心稳稳地撑住身体。

这条视频出来后，苛刻的我难得对自己很满意，镜头里那个穿着白衬衫、小半裙的女子，昂着头，挺着背，从上到下笔直一条线，每一步都自信婀娜。

49节普拉提课后的另一个惊喜是，全身上下明显比从前紧致。紧致和瘦还不太一样，紧致让一个女人更挺拔向上。

## 100 节课后

第100节普拉提课时，视频小伙伴跟着我一起到了普拉提教室。我在镜头前自如地练了几个姿势，教练姑娘也好兴奋，不断建议："咱们来一个这个姿势，再拍下那个……雪姐做得很棒。"

即使已完成100节课，普拉提课依然不是很轻松。每堂课60分钟，大部分时候，30分钟是"累"的结点，45分钟是"非常累"的结点，我经常对着普拉提教室墙上的闹钟暗暗祈祷：时间为什么不能过得再快一点？当然也有部分时候，身体状态非常好，有很多美妙的拉伸感受，身体像在新生。

两年前，我还根本不知普拉提为何物，身边有朋友在练，听人家讲的时候也很有些不以为然。因为不懂，所以才会轻视。完成100节课后，才意识到自己只是一个刚刚找到门的初学者。入门方有敬畏心，以教室里那些坚持数年的练习者和孜孜不倦求提高的教练为榜样，看见天外有天。

100节普拉提课的收获，超出我的预期值：身体有了和以前不一样的"肢体语言"，学会用肢体表达自己的情绪。持续二十几年的颈椎劳损，竟然完全好了！已经很久没去找按摩师傅，即使在电脑前写一天字，颈椎开始酸痛时，靠运动就可以迅速恢复正常。腰肌劳损也有了很大改善，出门旅行，不再担心走几公里就腰痛得必须坐下来休息。我的双臂和背部，拥有了前半生不曾有过的肌肉线条，被很多姐妹羡慕。

而最重要的是一些关乎心灵的滋养：学会了用呼吸帮助自己完成动作，也学会了在普拉提课外，用呼吸调整情绪；学会关注自己的身体，与身体温柔地对话；对自己的身体灵动性，有了从来没有过的自信。

落笔这篇文章时，刚刚结束自己的第120节普拉提课。记录这个过程的初衷，并不是想分享如何练好普拉提这项运动，而是想笃定地告诉姐妹们：**即使我们不再年轻，依然可以有勇气、有信心、有恒心从头学习一件没做过的事情**，永远不要以年龄为借口，错过生命里的新鲜体验。

女人五十，
岁月准备的礼物不只是更年期，
还有积累半生的阅历与智慧，
久经风雨的淡定和从容，
心智成熟带来的精神自由。

摄影 / 黎嘉耀

# FAB 女人

岁月悄悄给每个年龄段的女人准备了不同的礼物，期待本书最后这篇小文，会被看到的姐妹当成一份走心的小礼物。

是的，我又要来分享年龄啦，就像自己的前两本"优雅"系列一样，我的书里，一定有关于年龄的文章。

我是 1970 年生人。这一年，我迷上了一个概念——FAB 女人，这是英国一位资深造型专家提出的：FAB=Fifty And Beyond=50 岁及 50 岁之后的女人们 =Fabulous Time= 人生精彩时光。

第一次看到这个概念时，有一种中年女人重生的兴奋与惊喜。于是，从 2023 年 4 月起，每个月用"FAB 女人"的视角，做连续一周的话题短视频，数据喜人，网友反应热烈。可见，FAB 的概念深得女人心。

女人五十，重生并不易。在这最后一篇文字里，记录一些琐碎的前文没写到的 50 岁前后的另一面经历和心境。

### 49 岁的迷茫

我离开 *ELLE* 时，刚过 49 岁生日不到半年。过完四字头最后一个生日，马上迎来从大学毕业后，人生第一段每个月不再有人发工资的日子。

彼时心境，淡定不是实话。虽然想好先给大学毕业后从没有休过长假的自己一年躺平的自在假期，但还是忍不住想，一年之后我就 50 岁了，能找到好工作吗？不会就此退休吧？

疫情前，我离职，女儿们放寒假，全家最后一次旅行在巴厘岛。一日专程爬到小山坡高处，去拜几尊几百年的佛像。天气很热，阶梯很陡，毫无征兆地两眼冒金星，忽然就晕倒了，短暂的几秒好像灵魂出窍的晕倒，感觉什么都没了，心神停滞。

几秒后，先生把我扶起，睁开眼睛，在燥热潮湿的空气里，那些离职前后的身心俱疲、那些对未来不可知的慌乱无助，一下子涌上心头，才肯承认自己并没有做好人生下一程的准备。那种二十几岁的迷茫，竟然重回心头。

原来迷茫不仅属于年轻人啊，在人生每一场变故之后，迷茫都会重新与我们约会。

老公背着虚弱的我下了山，我抱着一瓶他刚买的冰镇可乐，狠狠喝了一大口，在他宽厚的背上，泪如雨下。

我们要允许自己脆弱。直面脆弱，才可以转成重新出发的勇气。

### 良性

2021 年因为疫情宅家里，时间变得很多，医院人很少，于是去做了一些常规检查。

几年前的体检就知颈部有囊肿结节，有两年还被外科医生提醒，务必要每半年查一次。后来忙起来，又忘了这个结节。

遇到一位很耐心的外科医生，他检查过后，立刻给我开了穿刺活检的化验单。冷静地说："依照我的经验，想先告诉你，B 超看起来情况不太妙，要做好手术的准备。不过即使是恶性的，也是早期，切除就好。"

听完医生的话，头脑发胀地走出医院，心乱如麻，怎么就有了恶性的可能呢？我不肯对自己说出那个"癌"字。有点悲观地想到人生果然祸不单行，职场还在迷茫，身体又出了状况，老天这是要给自己一份多重的50岁"贺礼"？

穿刺做得顺利，医生说下周一出结果。等待结果那几天，很是惶惶然，满脑子胡思乱想。

周日晚上，接到医生的微信："今天值班，去化验室看到你的穿刺结果，想把好消息赶紧告诉你，是良性。之前B超看起来不好，但穿刺病理报告已确认是良性，放心吧。"

收到这条微信，长舒一口气，从客厅窗户望出去，月色如水，岁月无惊，是一个普通寻常的夜。

## 50 岁生日

2020 年 9 月 17 日，是个周四，天气很好。女儿在寄宿学校，就我和先生两个人。

早上起来，和先生一起去了小区门口一家熟悉的面包店，在店里点了微波炉可以转热的帕尼尼，拿到手里香气扑鼻，觉得非一般地好吃。

又手拉手去了附近菜店，那家的蔬菜一向新鲜，买了红白萝卜、西红柿，还有香菜，先生说晚上咱们吃红烧牛肉面。

回到家，开始接到品牌和朋友们的闪送鲜花，几个小时里接了上百捧鲜花，客厅变成花店，华丽的素淡的、经典的新潮的，客厅像是鲜花造型大展，浓郁的香气散开来。家里有点放不下了，于是开始给邻居、物业转送鲜花,邻居问:"姐姐又过生日啦?真好,一年开一次花店,楼道里都散着香气。"

时尚行业里喜欢互送鲜花。从前在*ELLE*办公室过生日,客户的鲜花从前台一直铺到我的小办公室,香气缭绕一整天,往来的同事或客人路过我的办公室都会说一句:"雪,生日快乐!"那天编辑部小伙伴下班时,都会顺手抱一束我的生日鲜花回家。

50岁这一天,是我不做*ELLE*主编的第一个生日,之前心里悄悄地打鼓,并安慰自己:人走茶凉,若不再有花海,我也有老公亲手做的一碗牛肉面。

有点意外,花海如约而至。每一束都意味着情谊不散,好像在鼓励女人五十的我:加油呦,雪主编。

家里今天的牛肉面分外好吃。晚上发了朋友圈:

> 今天姐生日,五十而已。
>
> 被闪送一斤鲜花,老公做了牛肉面。
>
> 愿人生下半程,如花般绚烂,如面般实在。

## 爸爸进了120

2022年年中,爸爸进了120急救中心。

我和妹妹在120急救中心,从下午5点守到凌晨5点。急救中心的大堂偌大高挑,有椅子可以坐,白天人潮汹涌,夜里冰凉如窖。

爸爸晚上10点被推进手术室,我们就在大堂里等。彻夜不眠的急救中心,一辆又一辆穿梭而来的120救护车。后半夜为了避免困意，我强迫自己观察每一辆急救车。

有遭遇交通事故的司机，有一脸鲜血的警察，有心脏病、脑出血或某一种说不上来的急病发作患者，有一家人陪着一个病人的，有孤零零只有一张床被抬下来的，有伴着哭声的，有伴着骂声的⋯⋯人间疼与痛的纠结、生与死的密码，好像就在一辆辆呼啸来去的救护车里。

爸爸身体硬朗，这是年过八十的他人生第二次做手术。第一次是十年前，阑尾炎。进手术室前，爸爸紧张了，问我们"会不会很疼"，妈妈紧紧拉着爸爸的手一路安慰，当着医生护士的面，抱着爸爸亲了又亲。爸爸被推进手术室那刻，妈妈说："亲爱的，我在外面等着你。"

我当时想，只是阑尾炎，老爸要不要这么脆弱。可是脆弱的爸有福气，带着满满的爱去摘阑尾。

这次爸爸进手术室，妈妈已移居天堂五年。爸爸被脱了衣服，裹进一张白床单，就要被推进手术室时，我使劲握了握爸爸冰凉的手，拍拍老爷子的大脑奔儿（我也有同款大脑奔儿），对爸爸说："爸爸，我和妹妹在外面等您。"

手术中间出了一点周折。当喇叭里喊着爸爸的名字，然后说"请家属速到四层手术室"时，我心跳加快，腿都软了。好在最终手术顺利。

爸爸被推出来时，冲我笑了一下，说了两个字"不疼"。

疫情期间，家属不能进住院区，出院前也不能探视。只能看着医生把爸爸推进病房，和护士、护工交代几句，精疲力尽地走出急救中心。天还是大黑的，但有浅浅的曙光，就要日出了。想着破晓的第一缕阳光，就是妈妈对爸爸的祝福。

爸爸经过几个月的恢复，又活蹦乱跳成为一个健康的老头。可是身边不少朋友的父母没这么幸运，疫情这三年，好像老天盘算好了在往回收人，一个接一个老人离去。

人到中年的沧桑之重，是要学习和面对死亡。

### 女儿的青春期

双胞胎女儿 2008 年出生，那一年出生的娃娃都叫"奥运宝宝"。

在协和产房里，护士推着挂着小铃铛的宝宝车过来时，我简直不能相信这是几小时前，自己肚子里出来的娃娃，她们眼睛那么亮、皮肤那么白，明明是天使。我总叫她们"双棒儿小妞"，"双棒儿"，是一种我儿时在北京爱吃的巧克力和牛奶各一半的冰棍名字。

小妞儿们童年时体质不太好，动不动发烧，一个烧好了，另一个一模一样再来一遍。烧了那么多次，永远在出差的妈妈，只赶上过两三回。就这么磕磕绊绊长大，我忙我的，她们长她们的，一转眼就亭亭玉立。

双胞胎在寄宿学校读书，功课中等，独立性不错，很有自己的小主张。我养孩子不怎么焦虑，不在意她们的考试成绩，不和其他孩子比较。在有限的时间里，做高质量的陪伴，努力做到彼此不相欠，只相爱。

小妞儿们随着第一次"大姨妈"来临，迅速进入了传说中的青春期，不再那么听话，懒得和大人交流，回家就关在自己小屋里，难有机会再抱她们。

孩子的青春期，是中年妈妈的新功课。翻了几本国内外教育学家写的书，总结起来就是一句话：不要试图干预孩子的成长，只要没有明显犯错，就让他们四仰八叉地肆意长大吧。

望着女儿们越来越高的苗条背影，有小小的、隐隐的悲伤，那一对仿佛从天而降的小天使，终是要长大，终是要离妈妈越来越远；也有小小的、隐隐的庆幸，怕什么老呢，自己老一岁，女儿长一岁，就感觉老天很是公平。

我没有怎么特别规划女儿们的未来，孩子们的未来，应该由她们自己做主。

## 我的更年期

我是比较寒凉的体质，当忽然开始一天几次潮热时，当已经好转的失眠卷土重来时，有一种莫名的烦躁和不能原谅自己。

去妇科看医生。抽血及妇科 B 超后，面善的女医生拿着化验结果单，微笑着说："恭喜你，更年期到了，人生第二春来了。"

女医生的这句话，点亮了本来相当沮丧的我。

开了雌激素药回家，虽然被慈眉善目的女医生安抚，但还是不想面对，自己已是一个到了更年期的女人。

我这么苗条，这么努力，这么高学习新东西的兴致，怎么就到了更年期了呢？我一脸不高兴地问老公："我是不是老了？"老公又敷衍又真诚地说："没有，你二十年都没变。"哈哈，原来假话这么动听。

接下来两三年，更年期就像一个调皮的孩子，今天让腿部像摔了跟头一样疼，明天让腰椎酸痛，刚刚潮热缓过来，睡眠又不好了……正如医生所说，要准备好面对身体某个部分会出现的新问题，但是了解后就并没有那么可怕，可以预防，也可以治疗。

52岁这一年，我的眼睛莫名出现断崖式衰退，一只近视，一只远视，达不到平衡，因此常常眩晕。老花度数仿佛一夜之间从100度跳到200度，不戴花镜就不太能看书和在电脑上打字。去眼科反复查，医生说眼睛没问题，只是"眼肌疲劳"，而妇科医生笃定地说，都是更年期惹的祸。

这本书的一半文章，都是在我的小花镜陪伴下写出来的。

这个叫"更年期"的顽皮小孩，还准备了多少恶作剧呢？无从预知，只能兵来将挡、水来土掩，对自己说：50岁都过了，还有什么可怕的呢？

每一次在FAB短视频里聊到更年期，都有留言："雪，你是我认识的名人中，唯一愿意公开分享自己更年期的女人，原来优雅如你，也有更年期哇！"

岂止更年期，天下任何一个优雅的中年女人，都要面临父母的衰老、孩子成长的烦恼、身体"断崖"的危机，可是，这些难道不正是我们应再次蜕变、重新出发的理由吗？伴随这些的，还有我们储存半生的阅历与智慧、久经风雨的淡定与从容、心智成熟带来的精神自由。岁月给女人的礼物，不是只有更年期。


每一个中年女人，都需要为自己筹划一次"优雅转身"，让生命

这几年的 9 月 17 日，
家里像开花店。
人在丛中笑，
情谊在每捧鲜花中。

摄影 / 乐文锐

力焕新。

　　有人需要跳脱舒适区，给自己焕发新芽的机会；有人需要在被淘汰的选择中，鼓起勇气找到自己的新价值。

　　这几年中外媒体都在高喊"大女主时代"来了，"女主"或许属于年轻人，而"大女主"，毋庸置疑，属于成熟的、丰盈的、优雅的FAB女人。

　　愿你看到这篇文字时，不再因为年龄的增长而焦虑、而无奈、而叹气。愿我的文字，是一束小小的光，帮你照亮前面的路。

　　这本书如愿在我最喜欢的季节上市。

　　一叶知秋，树影翩翩，人间最美是清秋。

**特别鸣谢：**

三年转身过程中——

让我对容貌越来越自信的化妆师和发型师：Sico、丽媛、Ocean、Kris，本书故事中的唐子昕；已为我剪发十五年、超级棒的发型师苗雨。

生动记录我每个转身瞬间的摄影师朋友们，书中在每张图片后有小小署名。

一起筹划和开启视频拍摄的伙伴们：徐罡、思洁、张琦、张东、北辰等。

帮忙做工作室各种设计、为我画插画的莫高设计的伙伴们。

以及创意、排版、设计、剪辑等细碎工作中帮忙的诸多朋友。

三年转身之路中——

得到中外品牌很多新老朋友的鼎力支持，是这些朋友的信任和鼓励，让我完成了从镜头后女主编，到镜头前自媒体人的成长。

三年转身风雨中——

我离开大公司，开始自己小小的工作室创业。感恩遇到的每一位伙伴，是你们的支持，让我拥有继续向前的勇气。

每一次出发，有情谊相伴，最是人生值得。